アジアの動物記

韓国の最後の豹

遠藤公男　著

吾道山産の豹　ソウルの昌慶苑動物園にて
1970 年ごろ　韓尚勲提供

朝鮮半島図
華人民共和国
天（瀋陽《シェンヤン》）
長白山脈
白頭山
2744
鴨緑江《アムノックカン》
清津《チョンジン》
羅南《ラナム》
普天堡《ポチョンボ》
蓋馬《ケーマ》高原
楚山《チョサン》
鴨緑江
朔州《サクチュ》
妙香山《ミョヒャン》
新義州《シニジュ》
清川江《チョンチョンガン》
狼林《ナンニム》山脈
咸興《ハムフン》
東朝鮮《ちょうせん》湾
咸興《ハムフン》湾
安州《アンジュ》
徳川《トクチョン》
朝鮮《ちゅうせん》民主主義《みんしゅしゅぎ》人民共和国《じんみんきょうわこく》
朝鮮《ちょうせん》湾
平壌《ピョンヤン》
元山《ウォンサン》
南浦《ナンポ》
休線ライン
浄水里《チョンスンリ》
沙里院《サリウォン》
フェボン山
開城《ケーソン》
五台山《オテー》
板門店《パンモンジョム》
大韓民国《だいかんみんこく》
京城《ソウル》
仁川《インチョン》
水原《スーウォン》
太白山《テーベク》
清州《チョンジュ》
小白《ソーベク》山脈
太白《テーベク》山脈
裡里《イリ》
伽耶山
1430
慶州《キョンジュ》
大邱《チーグ》
吾道山《オドサン》1134
智里山《チイサン》1915
洛東江《ナクトンガン》
光州《グワンジュ》
馬山《マサン》
釜山《プサン》
木浦《モッポ》
州島
珍島《チンド》
日本海
対馬《つしま》

アジアの動物記

韓国の最後の豹

遠藤公男　著

はじめに

韓国には、かつて豹がいた。

筆者は最後かもしれない二頭を取材した。一頭は一九六二年、小白山脈の奥地の村で猟師のワナにかかり、ソウルの動物園に運ばれて十一年間飼われた。捕獲された村を尋ねてみると、現代文明のとうに失ったものがあった。豹の爪で大ケガした人もいた。

二頭目の豹は一九六三年、同じく小白山脈で犬と四人の若者が殺した。エミレ美術館の趙子庸館長の案内で殺した人に出会い、その豹の写真を見つけた。趙館長は虎や豹は志の高い者を助けるという。趙館長は北朝鮮出身で虎と豹を守護神とする英傑だった。

韓国ではこの後、豹の記録はない。豹は極東アジアでは虎よりも稀である。

ちなみに韓国最後の虎は、慶州で一九二二年日本人巡査が射殺した雄とされている。筆者はこの虎に襲われて重傷を負った農夫に会って、その人の写真を撮り体験を聞いた。また朝鮮総督府が虎や豹などを組織的に駆除した事実を発掘し、一九八六年講談社から、『韓国の虎はなぜ消えたか』を出版した。

アジアの動物記　目次

韓国の最後の豹

第一章　美しいチョウセンヒョウ …… 1
ソウルの動物園で飼われていた
韓国最後の虎は
豹を調べた人はいない
郡守の報告
準戦時体制の韓国
野生の痕跡が消える

第二章　秘境の村 …… 21
小白山脈の奥地の村へ

セマウル運動
通訳のお母さん
朝鮮戦争で血に染まった洛東江

第三章　ワナにかかった豹……………………37

伽耶部落
歓迎する婆さん
猟師の家
猟師は貧乏病にかかった
虎と豹は夫婦なのさ
ドラム缶を檻にした
緑色の燃える目
賞金で瓦ぶきに

幼馴染の証言

第四章　豹の家に泊まる …………………… 73

また来たか！
村人は総出で豹を生け捕った
豹にやられた人がいる！
猟師の写真があった
豹の村の暗黒の一夜
恐るべき爪跡
愛人がいた
爺さんは毒蛇に噛まれた
真心が大きい
嫁さんは行方不明

足るを知る

第五章　動物園の記録……117
子どもの豹だった
豹はまだいた

第六章　虎の絵の美術館長……125
無邪気な虎の絵
虎や豹と恋愛
シャーマニズムの世界
日本の敗戦
ソ連軍が攻めて来た
故郷を捨てる

北朝鮮の男は採用しない

第七章　虎や豹は大いなる守護神……………………157
日本人の恩師
オモニの面影
どん底の中で
虎は民族の魂
アメリカへ留学
結婚しよう
アメリカンドリームの男
虎と豹の美術館を

第八章　犬が豹を捕った …… 191
伽耶山国立公園にも豹がいた
豹を買った銃砲店とヘビ屋
宝の証人
犬が帰らない
犬は豹に食われた
豹は満酔していた
証拠写真があった！
珍島犬は牝牛になった
豹変
豹を弔う
あとがき …… 231

第一章　美しいチョウセンヒョウ

ソウルの動物園で飼われていた

豹ほど美しい殺し屋はない。

豹は極東アジアでは虎よりも稀である。その豹が一九六二年二月十一日、韓国の慶尚南道陜川郡で生け捕られた。

そこは韓国南部にそびえる小白山脈の奥地の村で、伽耶山《カヤサン》国立公園に近いという。伽耶山（一四三〇メートル）は、険しい岩山が連なって韓国の八大景勝地のひとつになっている。伽耶山のふところには海印寺（ヘインサ）がある。海印寺は世界最古の経典、木版の八万大蔵経を収蔵して、今は世界遺産（文化遺産）となっている。

その豹はオスで、トラックでソウルの昌慶苑《チャンキョンウォン》動物園に運ばれてそれから十一年間飼われた。その豹が飼育舎で腰を落としている写真を見てわたしはうなった。

「これがチョウセンヒョウか、なんという気品！」

熱帯の豹に比べてはるかに大型で毛深い。広い額と小さめの耳、太い吻と銀色の口髭を持ち、前足は太くてたくましい。尾も太くて長かった。毛色は淡黄色で胸が白く、顔から背はレンガ色にくすんでいた。そこに豹紋があったが、背から体側のものは大きな梅花紋となっていた。

韓の国に虎がいたことはよく知られているが、豹がいたことは日本ではとんと知られていない。兄貴分の虎があまりにも有名なので目立たなかった。豹は虎に比べてどこか陰性で神秘的だった。その目は猫科動物に特有の妖しい光をたたえていたのではないか。

「生きている姿を見たかった……」

とため息が出た。

韓国最後の虎は

ところで韓国の虎は、一九二二年（大正十一年）十月、観光地として有名な慶州市の大徳山《デートクサン》で薪取りに来た二十六歳の金有根《キムユウグン》さんを襲っている。金さんは山麓の九政洞《クジョンドン》の村に住む農夫で、突然出会った虎にさんざん噛まれて重傷を負い、一緒に行った友

吾道山産の豹　昌慶苑動物園にて
韓尚勲提供

人たちにかつがれて帰ってきた。

そこで大騒ぎになったが、日本人の慶州警察署長が指揮した巻き狩りで、村の駐在所に勤務する三宅与三という日本人巡査が射殺したとされて写真も残っている。三宅巡査は福岡県福間町出身だった。

その虎は体重一五三・七五キログラム（四十一貫）もある見事なオスで、これが韓国最後の捕獲となった。虎は韓国を象徴するシンボルともいうべき動物なのに、この国が日本の植民地にされて十年後には滅びたのである。痛恨の極みといわねばならない。

わたしはこの虎に襲われた金有根さんが八十四歳の時にお訪ねし、写真を撮り体験を聞いた。また朝鮮総督府が虎や豹などを組織的に駆除した事実を発掘し、一九八六年講談社から、『韓国の虎はなぜ消えたか』を出版した。

一方、昌慶苑動物園で飼われた豹が生け捕られたのは、大徳山の虎の四十年後だった。そしてその豹が死んでから、韓国の豹はまぼろしとなった。豹の写真を眺めていると、韓の国が思われてならなかった。豹のいた小白山脈は、その後どうなったろう。

朝鮮半島はアジア大陸の東北部に、左を向いた虎が立ち上がったような形をしている。面積は二十二万平方キロメートル、日本の約三分の二だ。虎の頭の部分は鴨緑江と豆満江を境に中国と接しており、耳の先だけロシアと接していた。最高峰の白頭山（二七四四メートル）は耳の上部にあり、虎の背中に当たる東側には雄大な太白山脈が走っている。高いのは北から金剛山、雪岳山、五台山、太白山で千五〇〇から千七〇〇メートルの岩山が峨々たるピークを連ねている。

太白山脈は韓半島の脊梁ともいえる山脈だが、ここから西海岸に向かって三本の山脈が走っている。北から広州山脈、車嶺山脈、小白山脈だ。問題の小白山脈は虎の後肢に当たり、ひときわ大きな山塊を形づくっている。

そこにそびえる智異山《チリサン》は韓国最大の国立公園で三つの道にまたがり、最高峰は一九一五メートル、豹が残っている気配があるという。登山者が雪上を走った足跡を見たり、あやしいものが吠えるのを聴いたという。だが、写真などの証拠は全くないので、現在は滅びたろうといわれている。

豹を調べた人はいない

韓半島の哺乳類のリストには、虎と豹の他に、ヒグマ、ツキノワグマ、ヌクテー（チョウセンオオカミ）、オオヤマネコ、ヤマネコなどの食肉類、猪、赤鹿、鹿、ゴーラル（チョウセンカモシカ）、ノロ、キバノロ、ジャコウジカなどの偶蹄類がキラ星のように並んでいる。しかし、朝鮮戦争後、かれらがどのような状態にあるのか不明だった。

わたしは豹だけでも知りたいと思い、一九七五年の夏、生け捕られた豹の資料を探してソウルの昌慶苑動物園へ行った。事務室を訪ねて責任者に訊くと、

「ピョウボンが捕れたときの記録？　さあ……ないです。ここは朝鮮戦争の猛爆で廃墟になり、ようやく復興したんですよ。資料はみな燃えてしまいました。あなたは動物学者ですか、東京大学の先生でも？　違う？　じゃあ、どうして日本人が豹なんて

調べます？　こんな時代に」

トゲのある答えが返ってきてわたしはあわてた。

その春、休戦ラインの非武装地帯の鉄条網の下をくぐって、韓国側に北朝鮮軍が掘った二つ目のトンネルが発見されていた。機動部隊が短時間で突入できるレールを敷いた大規模なもので、金日成が依然として南侵を狙っていることが暴露されて、韓国の緊張はかつてなく高まっていた。

それでも低姿勢でねばって、三十万ウオンという大金が謝金としてピョウボンの捕獲者に与えられたことを知った。豹のことを韓国語でピョウボンというのだ。そしてはっきりしたのは、韓国にはこの豹を調べた人はいないということだ。

トキやコウノトリに匹敵し、絶滅に頻している豹を調べた人がいないとは、なんとしたことか。よその国のことだが気にかかる。

そこでわたしは韓半島の虎と豹の捕獲数を調べてみた。ソウル大学の書庫には、解放前にはこの国の最高学府だった京城《けいじょう》帝国大学の図書六十五万冊がそっくり保存されていた。その書庫に入れてもらい、その時代に作成された「朝鮮総督府統計年表」の警察の部を調べて、一九一九年から一九四二年までとびとびに捕獲した虎と豹の数を見つけた。その数にわたしは驚愕した。虎は九七頭、豹は六二四頭に達していた！

虎や豹を地域開発の邪魔にして、官憲が大勢の村人を動員して駆除したのである。虎に対して、豹がずっと多かったのだ！　しかし記録は十八年分しか見つからない。日本の支配は三十六年も続いて、統計の欠けた年にも駆除はあったろうから、実数はこれをはるかに越えるものだったろう。

わたしは動物作家のつもりだが、アジアの滅びゆくものへの愛惜から、野次馬根性が頭をもたげていた。豹が捕れた村を訪ねてみたい。もしや残ってはいないか。わたしはソウルの慶熙《キョンヒ》大学の生物学教師ウオン・ピョンオー（元・炳旿）教授に、豹の捕れた村を探訪したいと相談してみた。ウオン教授は一九五〇年代の若いころからの友人で、ふしぎにウマが合うので親しかった。

ウオン教授は韓国鳥類研究所長で国際自然保護連盟委員、アジア有数の鳥学者であ

三宅与三巡査と射殺された虎（福間公民館報から）

る。北朝鮮出身だが朝鮮戦争にほんろうされて越南し、苦労の末に北海道大学で学位をもらった。なんでもよく世話してくれるのに、豹にだけはいい顔をしなかった。

「山奥で、とても訪ねては行けないでしょう。交通網は発達していないし、途中、旅館もないところで何泊かしなければなりません。日本人にはとても行かれません」

わたしがあきらめないのを知ると、太りじしのウオン教授は早口になった。教授は、一九四五年の解放時は中学三年だったから日本語は達者だ。

「途中の食事をどうしますか。食事を作る作業班、荷物を担ぐ人夫を連れて行かないと奥地の調査はできません。そこで車が最低でも二台は必要ですがそこまで車が入るかどうか。第一、豹が捕れた村の名が分かりません。動物園に問い合わせても、慶尚南道陜川郡の奥地としか分かりません。あきらめてください」

郡守の報告

当時はどこも貧しく大学で自由になる車を見つけてもらうことは容易ではなかった。

豹が捕れた村は、どうやらヒマラヤの奥地のようなところらしい。

わたしはウオン教授に、慶尚南道陜川郡《キョンサンナムドハプチョン》の郡庁へ豹を捕獲した状況を問い合わせてもらった。しかし、待てど暮らせど返事はなかった。

わたしはウオン教授に、今度は大学から公文書で問い合わせてもらった。すると一九八一年一月九日、陜川郡の郡守から回答があった。

ついに次のような韓国の豹の生々しい情報を得た！

一、慶尚南道陜川郡妙山面（村）三際里伽耶《カヤ》部落七八五番地に住む農業、黄紅甲《ホアンホンカップ》（六四）によると、一九六二年、ノロジカを捕る目的で村の裏山の吾道（オド）山にかけたワナに、同年二月（陰暦一月七日）、一頭の豹がかかった。すぐ下山して息子の黄ソックンを連れて山に登り、二人で生かして捕獲して家に持ち帰り、ソウルの昌慶苑動物園に寄贈した。

二、黄氏は、時の文教部文化財管理局長文ウングックより、一九六二年三月五日付き第二四号 感謝状と賞金三十万ウオンを受領した。

三、現在、黄氏は重病で家で看病されている。黄氏の息子のソックンは一九七〇年交通事故死した。二十七歳。　以上

わたしの好奇心はどっと燃え上がった。

慶尚南道といえば釜山のある韓国南部といっていい。地図を見ると、陜川郡《ハプチョングン》は洛東《ナクト》江《ガン》という大河の上流で道路も通っている。小白山脈上だが険しい山岳地帯ではないようだ。そんな所に手つかずの自然が残っているのだ。おそらく千古不抜の原生林が。

また、伽耶とは、なんという由緒ある名前なことか。その昔、韓の国が統一される前、高句麗、新羅、百済などが栄えたころの小国の一つが「伽耶国」だった。これは古い大きな村ではないか。王の墳墓《ふんぼ》でも残っているような。

「春になったら、一緒に現地へ入ってみたい。あなたのご都合を知らせてください。部落へのルート、宿泊地なども一緒に」

わたしは天にも昇る心地でウオン教授へ航空便を出した。豹を生け捕った人に会い

たい。

準戦時体制の韓国

ノロジカに村人はどんなワナをかけたのだろう？

アジアの辺境で狩り暮らした人々に、わたしは限りないあこがれを抱いていた。空には鳥が、地にはけものが、川には魚が満ちあふれていた時代。……野生的だがけっして野蛮《やばん》ではなく、つつましく自然と共生していた。

例えば韓半島につながるロシアの沿海州には、今でも虎のすむタイガ（密林）が残っている。帝政ロシアの探検

晩年のアルセニエフ
岡本武司著『おれ　にんげんたち』から

銃を持つデルス・ウザラー
岡本武司著『おれ　にんげんたち』から

家ウラジーミル・アルセーニエフは、二十世紀の初めにそこで先住民の猟師デルス・ウザラーに出会って案内してもらう。デルスは家を持たず、クロテンを狩りながら極寒にもタイガで野宿して暮らしていた。アルセーニエフはデルスの美しい心と生命力に感動して「ウスリー紀行」に描いたが、それは人類史の貴重な遺産となっている。

日本の黒澤明監督はデルスに感嘆して、先住民の名のままに「デルス・ウザラー」として映画化し、モスクワ国際映画祭金賞、米アカデミー賞最優秀外国語映画賞を受賞する。

韓半島の奥地にもデルスのような猟師がいたのではないか。

その黄ホンカップさんは病んでいる。息子が死に、本人が重病では狩りの習俗が不明になる。わたしは重ねてウオン教授に行ってみたいと打診した。だが、

「現地への道路網は、高速国道が開かれて昔のように不便ではありません。車で豹の村近くまで行けるでしょう。しかし、わたしは大学のスケジュールが一杯なのと、モスクワの国際鳥学会の発表論文に追われて時間がございません。悪しからず」

脳天をガンと一発くらった。

ウオン・ピョンオー教授の専門は鳥類だった。現地調査が多くて土・日もないという。そこでわたしは覚悟をきめて一人で行ってみたいと手紙を出した。すると重ねて断りが来た。

「エンドーさんが一人で豹の村を訪ねるのは不可能でしょう。韓国では北朝鮮との間に緊張状態が続いています。こんなときに日本人が奥地の村に入って、のんきに豹などを探す理由が、現地の官憲にはとうてい理解できません。最悪の場合は……逮捕されるとか不測の事態が生ずるおそれがあります」

緊張状態というのは準戦時体制のことをいっている。韓国では全土に戒厳令が敷かれて、夜十二時以後の市民の外出は原則禁止だった。北朝鮮の工作員の侵入を防ぐためという。ソウルの夜の街に飲みに出て、その時刻が近づけば、タクシーの奪い合いで騒然となり、折角の酔いもさめる有様だった。翌朝四時まで幹線道は軍隊の鉄パイプのバリケートで厳重に封鎖されて通れない。

実際、一九六八年一月には、北朝鮮武装ゲリラによる青瓦台襲撃事件が起きていた。休戦ラインをくぐって侵入した三十一名の北朝鮮軍兵士が、朴正熙《パクチョンヒ》大統領の暗殺を企てて官邸の数百メートルにまで迫り、路上で民間人五名と警察官一名を射殺した。激しい銃撃戦ののち侵入した北朝鮮軍兵士は一名を残して射殺されたのだ。

野生の痕跡が消える

それでもソウルの街には、小さな屋根を連ねたスラム街は姿を消し、漢江のほとりに高層ビルが立ち始めていた。

朴正熙大統領は軍事独裁政権を敷いて言論を統制し、民主化運動をきびしく弾圧しながら日本からの賠償金《ばいしょうきん》を元に戦火の跡の修復に成果をあげ、その経済復興は漢江《ハンガン》の奇跡と呼ばれるようになっていた。

その朴大統領は一九七九年十月二十六日、あろうことか、官邸の酒席でピストルで射殺されていた。犯人は大統領直属の情報機関ＫＣＩＡの部長で大統領腹心の部下だった。こうして、韓国には軍事政権の暗い影がつきまとっていた。豹の村の探訪は天の時が熟していないのかもしれない。わたしは黄ホンカップさんの回復を祈りながらじりじりしていた。

日本はその頃、列島改造を唱える政治家によって乱開発が進み、農薬の乱用も広まっていた。そこで海、山、川の環境は悪化して、トキやコウノトリだけではなくメダカからホタル、トンボまで姿を消していた。彼らが消えることは自然からの重大な警告だった。しかし、政権をにぎるものたちは困ったことに環境の悪化など歯牙にもかけない。識者の警告など馬耳東風《ばじとうふう》、経済成長だけをひたすら優先した。

日本だけではない。韓国や中国も先進国の後を追いはじめていた。するとその自然は同じように悪化してはいないか。のぞいて見たい気持ちは強まるばかりだった。

一九八一年の暮れ、韓国は長かった夜間外出禁止令が解かれてわき返っていた。八八年ソウルオリンピックの開催も決まって、この国はにわかに明るさを取り戻していた。やがて大規模な開発が始まるのだろう。

わたしはできたばかりの慶州―光州間の国道九号線を高速バスで走って、あこがれの小白山脈を横断した。伽耶山休憩所からは名高い海印寺のある伽耶山の峰が、ドキリとする近さにそそり立っていた。陝川郡の豹が捕れた村は、国道の南側の山中にあるらしい。そこで海印寺にお参りして、まわりの深い原生林に感嘆した。山の彼方の空遠く……あこがれてばかりいては豹の痕跡《こんせき》が消えてしまう。

「黄ホンカップさんが、元気なうちに会いたい」

わたしはウオン教授に懇願《こんがん》して、豹の捕獲地に近い慶南馬山大学の咸・奎晃（ハム・キュウハン）教授に現地を案内してもらうことにこぎつけた。咸教授はウオン教授の弟子である。

第二章　秘境の村

小白山脈の奥地の村へ

一九八五年二月七日、韓国の南端、慶尚南道馬山市《マサンシ》の朝七時はまだうす暗い。しかし、港町の空は海の方から金色になりだしていた。ウミネコが鳴きかわして早春の気配があった。

いよいよ豹を捕った黄紅甲さんに会えると思うと胴震いがとまらない。

ホテルの前に慶南馬山大学の咸教授が黒茶色の大型ジープで待っていた。それに同大学日本語科三年生の白(ペク)キュウヘン君、大学が推薦してくれた通訳でメガネをかけてひょろりとしている。それに白君のお母さんの金さん。グレーのオーバーを着て、息子の通訳が心配でにわかに参加することになった。咸教授は改まった口調で挨拶した。

「それでは……陝川郡妙山面伽耶の……豹の捕れた村へ……出発します」

咸教授はがっしりした体格で鼻すじの通った好男子だ。黒のワイシャツに赤いネクタイがよく似合う。四十半ばのはずだが、髪は短かめでずっと若く見える。咸教授は慶南馬山大学で生物学を教えている。専門は鳥学で、韓国の天然記念物のキタタキの研究で学位をとった。慶尚南道文化財委員、韓国自然保護協会学術委員である。

咸教授は日本語ができない。そこで通訳の白君は青白い顔をして、ぼそぼそと独り言みたいに通訳した。どうしたのか気が弱い学生らしい。白君のお母さんはなにか云いたそうにしている。彼女は長年日本で暮らしたから日本語は達者だ。

一行四人、わたしは咸教授の後ろにお母さんと並んで座った。ジープは米軍放出の六人乗りだからゆったりしている。ジーゼルエンジンでトラックのような音で出発した。

前日、わたしは慶南馬山大学に挨拶して日程を打ち合わせたのだが、咸教授は、妙山面山際里までジープで午前中に行けるだろうという。しかし、伽耶の部落まで車が入るかどうかはわからない。五万分の一の地図にも伽耶部落はない。車を降りて一、二時間歩くのは覚悟してくださいという。

「地図にもないとは……伽耶部落は韓国に残る秘境ですね」

「勿論です。豹が出るような村ですから」

咸教授は緊張した顔でうなずいた。

出発して間もなく、その咸教授は走るジープのハンドルを握ったまま訊いた。

「虎と豹ですが……朝鮮戦争で米兵の乱獲でいなくなった……というふうに理解していたのですが、滅びたのはそれより古いのですか」

「そうです。朝鮮戦争のはるか前にほとんど滅びたのですね」

わたしは戦前の虎と豹の捕獲記録から近年のことを語った。

「豹のことは不明ですが、虎は、北朝鮮でももう稀らしいですね。長白山脈の中国側でもいるかどうか不明なそうですよ」

この国のシンボルの滅びゆく話は、どうしてもしめっぽくなる。皆しゅんとしてしまった。

ふっくらした色白の白君のお母さんは五十代だろう。迷惑《めいわく》をかけると詫びると笑顔を浮かべた。

「いいえ、わたしも国見ができるんで楽しみですよ。息子がねえ、昨日大学から帰ってから青い顔をして、ボクは明日、日本のエライ作家の通訳を頼まれたけど、自信がない……と、ため息ばかりつくんです。それならあたしがついてあげると出しゃばったわけで、かえってお邪魔になるかもしれません」

わたしはあわててエライ作家じゃないと訂正した。何を隠そう売れない作家だった。

お母さんは京都に長く住んだが、戦後、夫の郷里の馬山市に引き揚げた。夫は機械工で五人の子は四人まで独立し、今は末の息子の白君と三人暮らしという。

北朝鮮の豹の切手

セマウル運動

馬山市は人口四〇万、釜山から西に五〇キロ余り、南海岸に深く入りこんだ馬山湾のほとりにある。細長い湾は、白っぽい花崗岩《かこうがん》の岩山が囲んで湖のように見える。貨物船の間にたくさんの漁船がもやっていた。

鎌倉時代、この港に元《げん》の軍船が日本侵攻のために集結したという。元の国王フビライは高麗国王《こうらいこくおう》にたくさんの船の建造を命じ、水夫も動員した。

「馬山には、蒙古井といって、その時元軍が作らせた井戸が残っていますよ。共同井戸で、今でも近所の市民が洗濯に使っています。水量が豊富で冬でも温かいのですね」

白君のお母さんが早速ガイドをしてくれた。

「こんな所にねえ。十万を越す元軍が集まったら、高麗の人も大変だったろうなあ」

思わずため息をつく。

命ぜられた軍船を作るために、山という山の大木を伐り出し、それから朝鮮の禿山が始まったという。

ここは韓国南部では釜山港につぐ漁港だが、今では後背地に巨大な石油化学コンビナートができて工場が並び、大勢の労働者が自転車や徒歩で出勤して行く。進出した一〇二の外資系企業の九二％は日本資本という。残念なことに工場排水が湾を汚染しているという情報があった。

道は釜山―光州間の南海高速国道から七号線に入って北へ向かう。韓国第三の大都市大邱《テグ》への道だ。ポプラ並木の街道ぞいに走る車はちらほらだから、ジープはうなりを上げてとばして行く。明かるくなって両側の田園地帯にはたくさんのビニールハウスが並んでいる。

小さな村が現れては過ぎて行く。韓国の田舎では「セマウル運動」が展開されている。セマウルとは新しい農村作りということで、北朝鮮の金日成の「千里馬運動」に対抗して、韓国が進める農村の近代化運動である。

あちこちに「勤勉」「自助」「協同」というセマウル運動のスローガンが掲げられて

いる。その成果だろう、田んぼは残らず鋤で起こされていた。背景の丘は植林が進んで松の若木が育っている。かつては見渡す限りハゲ山だった。山すそに点在する家は少し前までは草ぶきだったが、朴大統領の声がかりで多くは瓦屋根になった。

「韓国の民家は、たいてい塀をまわして、いかめしい門を構えていますね」

「ええ、塀をまわさないと安眠できないんです。昔はヌクテーや虎が出ましたからね。わたしが子どものころには、ヌクテーに赤ん坊や豚をさらわれた話はよくありましたよ。今はヌクテーは消えましたけど泥棒がいますからね、やっぱり塀がないと安心できません」

チョウセンオオカミ　ヌクテー

ヌクテーというのはオオカミのことだ。

高速道に沿って田舎の道が見えてきた。耕運機や牛車も動いて、頭に盥を載せた婦人が手ばなしでゆうゆうと歩いて行く。自転車で走る娘さんは手に銀色の小枝を持っている。

「あらポルトカガシ。日本語では何でしたっけ……、猫の、ほら、猫のヤナギ！」

「ああ、ネコヤナギですね」

お母さんははじけるように笑った。日本語を思い出したのがうれしいのだ。

「ポルトカガシというのは、子犬の尻尾という意味ですよ。おもしろいですね、銀色の綿毛が日本では猫で、韓国では犬だなんて」

あちこちに背の高いポプラの並木が立っている。裸の梢にある大きな鳥の巣は、この国の国鳥カササギの巣だ。上部から横に黒くて長い尾が見えた。道端の水は固く凍っているが、カササギはもう卵を抱いている。

通訳のお母さん

「先生、豹は珍しいんでしょう？　韓国にはまだいるんですか？」

「そうですね、今日尋ねる伽耶の村で、二十三年前に捕まってからは記録がないんです。でも……もしかして」

「いるかもしれないんですね」

白君のお母さんは、学生のように生き生きしている。息子と日本人を案内するのがうれしくてしょうがない。日本語をよく忘れませんねと褒めると、

「わたしらは日本で長く暮らしたでしょ。それで兄弟姉妹が集まると、もう日本語でばかり話したり笑ったりするんですよ。それで忘れないんです。この子にも教えたいんですけど、朝は起きればすぐ学校でしょ。大学から帰るころには、わたしらはもう休んでいますよ。それでこの子にはよく教えられないんです」

末っ子の白君は、お母さんの話を神妙に聴いている。大学で通訳に指名されるほどだから、白君の力はトップクラスなのだろう。お母さんは、日本企業のいいところへ

就職させたいとうるんだ目をして息子を見ている。

やがてお母さんは話題をかえた。

「先生はどうして韓国の虎や豹に興味を持たれたんですか」

「それがですね……わたしは虎や豹が大好きなんですけど、一九七九年の一月に慶州の山に野生の虎が出たというニュースが韓国新聞に流れまして……こりゃ事件だ……滅びたはずの虎が生きているとはと……あたふた駆けつけてみると……」

「デマだったんでしょう？」

白君のお母さんは白い喉を見せて笑った。

「動物公園の虎をぼんやり写して、ほら、虎が出たと。あれはこっちでも話題になりましたよ。テレビでも報道したんですから、誰でもひっかかりますよ。それにしても災難でしたねえ、はるばる日本から調べにやって来てデマだったなんて」

咸教授は声を出さずに笑った。

「あれはひどかったなあ」

一緒に笑ったので、四人は打ちとけた。

「それでも、あのデマ事件がきっかけで虎や豹を調べ始めたとすると、かえって幸いだったかもしれませんねえ」

白君のお母さんは話好きで社交的な人だ。これは通訳にはとてもいい。

二百メートルほどの洛東江の橋を渡る。洛東江は朝鮮半島の東南部をうるおし、釜山の山ひとつ西に流れ出る大河だ。はるか内陸の高原、江原道から流れてくる。

朝鮮戦争で血に染まった洛東江

「ここは朝鮮戦争で北朝鮮軍と韓国軍が川をはさんで死闘を繰り返した所ですよ。ここで北朝鮮軍をくい止めたんです。川の水が、倒れた兵隊さんの血で真っ赤になったといいますよ」

「その時、馬山市は?」

「馬山は釜山と一緒に韓国軍が守ったんですけど、大変でしたよ。北朝鮮軍に囲まれて逃げる所がない。砲撃はされる、毎朝買う豆腐とか小魚などの食べ物が切れてしまう、もう地獄でしたよ」

一九五〇年六月二十五日に勃発した朝鮮戦争では、ソ連製の戦車隊を先に爆進する北朝鮮軍に押されて、李承晩の韓国軍は釜山の一角に、あわやというところまで追いつめられた。その攻防がこの川のここだったのか。

「戦争でたくさんの財産を失いましたよ。橋なんて、ひとつもなくなったんですから。でも、ほんとの悲劇は離散家族ですね。一千万人もが南北に別れて、もう三十年でしょう……再会のメドも立たないんですから……」

日帝の侵略がなければ、南北に国が別れることもなかったろうに……というこの国の怨嗟の声は、何度も聴いていたからわたしはうつむいた。

やがて道の奥に壁のような岩山が見えてきた。いよいよ小白山脈にかかるらしい。豹の捕れた陜川郡はもっと西北のはずだがと目をこらす。左手の奥へ千メートル前後の刃物を思わせる稜線が出てきた。灰色に煙っている。

荒々しい岩山のほとりを走って、谷が二股になる所の休憩所で一服した。眼下に洛東江の上流が姿を見せている。いつの間にか空はどんより曇ってしまった。

駐車場に一台のワゴン車が止まって、中から真新しい白衣をまとった一群の男女が降りて来た。中年の女性は頭に白い布を巻き、そこを荒ら縄でくくっている。異様な姿なので目をこらすと、白君のお母さんが声をひそめた。

「遺体を埋葬に行く人たちですよ。頭を荒ら縄で縛った人の親が亡くなったんです。親を死なせた不孝者め……ということで、あの人

吾道山の遠景

に縄をかけているんです。田舎にはああいう風習がまだまだありますよ」

　さすがは敬老の国！

「葬いに出る人が着る白衣はねえ、遺族の女たちが何人分でも徹夜で縫うんですよ
……」

　お母さんもしんみりした。遠くの丘に葬るのか、白衣の人々は再び車で行ってしまった。そっと目礼をして見送る。

　間もなく高速道路から地方道へ入って、少しずつ登りになる。ここからは咸教授も走ったことがないという。

　道は狭くなり再び洛東江が出てきた。眼下に青い水を眺めながら進む。丁字路にぶつかり、道は曲がりくねってきた。たまに出てくる民家は小さな平屋が多い。馬山市周辺と比べてずっと貧しそうだ。両側に山が迫って、見上げる空が三角になってきた。

　ここで咸教授のジープは突然チェンジギアが噛んで動けなくなった。目的地を目前にして足踏みはつらい。氷点下の道端で咸教授はギアの直しに悪戦苦闘している。四

○分後、ようやくジープは動きだし、咸教授は分かれ道のたびに道を聞いて進む。
小白山脈の妙山面《ミョウサンメン》（村）に入ったという。簡易舗装をしたばかりの道を、黄ばんだ牛が引かれて行く。やがて北西の谷間にそそり立つ山が出てきた。咸教授が車を止めて、道端の農夫に確かめた。

「あれが吾道山、目指す山ですよ」

木の葉の落ちた広葉樹と松の間に豪快な岩山（一一三四メートル）がのぞく。息をつめて見つめた。

「こんな山に殺し屋がいたのか！」

カーブを曲がり、街並みに入るとひなびた店が並ぶ。白君がバス停の標識を指して叫んだ。

「三際里（サンジェリ）、三際里だ！」

第三章　ワナにかかった豹

伽耶部落

バス停前の詰め所に若い警官が立っていた。寒い所なので警官は毛皮の帽子、毛皮のキルティングを着て銃を持っている。伽耶部落を訊ねに咸教授と白君が降りて行った。もう十一時だ。故障もしたが、馬山市からほぼ三時間、一三〇キロというところか。固唾を飲んで見ていると、白君が叫んだ。

「伽耶まで車で行けまーす！　二十分位なそうです」

思わず通訳のお母さんと歓声を上げる。歩けば悪路で一時間半はかかるという。

山際里の街は百メートルばかり、商店や食堂にタクシー屋もあるが寒々として通る人もない。街を過ぎると両側はさまざまな形の小さな田んぼだ。その奥はけわしい斜面の雑木林。牛糞を山積みした耕運機を追い抜いて、道端の石柱に伽耶という部落名を見つけた。そこから急な登りの脇道がつづいている。

「うへぇ、これは登れるかな？お母さん、座席にしっかりつかまって」

ジープは一旦バックし、轟然と進み始めた。ふんぞり返って登り、次には逆さまにくだる。二メートル足らずの細道は黄土色ででこぼこだ。小川を越え、渓谷をくねくねと登って行く。

道沿いに貧弱な電信柱が右に左に傾いて続き、両側は段々の棚田。正面の仰ぎ見る高さにのっそりと吾道山が出てきた。

その中腹に、おお、灰色にかすむ一群の家々、伽耶の村か？

ジープはうなりをあげて標高差百メートルほどを登って行く。道端にモルタルの小さなアパートがあってアンテナが三本立っていた。軍の隊員宿舎という。

谷間の行き止まりに二、三十戸の家がひとかたまりになっていた。ここが五万分の一の地図にもない辺境の村らしい。荒壁の貧相な造りの家ばかり。崩れかけたようなものもある。一番奥の家の前にジープを止めると、茶色の上着をひっかけて婆さんが一人あたふたと出てきた。咸教授と白君が降りて話している。婆さんが大きくうなずいて下の家を指差すと白君が小走りにもどってきた。

「ここが伽耶部落でーす。豹を捕った人は死にました！」

「残念！　遅かったか！」

肩から力が抜ける。

「でも、その夫人は元気でーす」

三人、四人と、素朴な身なりの村人がこわごわ寄って来る。

「アメリカ人かな？」

「あやや、テレビ局が民謡でも探しに来たのかい？」

「なになに、ホランイを捕った話を聴きたいって？　役所の人かい？」

韓国語で虎はホランイだ。チマという巻きスカートを引きずるようにはいた女の人たちが、

伽耶部落

「うんにゃ、日本人だってよ！」

「日本人がまた、なんでそんなことを聴きたいんだ？」

村人は下手の家の方へ走り出した。すると咸教授が茶色の上着の婆さんともどってきた。婆さんはこぼれるような笑顔である。

歓迎する婆さん

「この婆さん、七十歳ですが日本語ができますよ。終戦まで広島にいて、原爆にもあったそうです。村では日本婆さんと呼ばれています」

こんな山奥にまで、日本に渡った人がいるとは！

「日本人が村に来るのは、光復後《こうふくご》初めてというんで大騒ぎですよ」

光復とは四十年前、日本から独立のことだ。

ジープをおき、五十メートルほどくだって、右の小道を集落のほうへ折れて行く。

角に大柄な婆さんが現れた。八十歳くらいか白髪だが血色がいい。最後尾のわたしを見て、両手を広げた。その手をかざしたまま、異様な風体で近づいて来る。

ややっ……怒っているのか、日本人なぞ村へ入るなとでも？

ハッと身構えた。すると婆さんはあとずさりする。口をつぼめ、開いて、白髪を振りながら、わたしの体すれすれに身を寄せて来た。

ぎゃっ、何だこれは？

本能的に立ち止まると、婆さんは前を向き阿波踊《あわおど》りみたいに体をゆすりだした。みんなは笑っている。

こ、これは、歓迎のしるしか！

豹の村の婆さんは歓びを踊って表現しているのだ。

婆さんはまたふり向いた。わたしを抱きしめんばかり。

昔、韓の国の人々はこんなふうにして異邦人《いほうじん》を歓迎したのか。大柄な婆さんの先導のなかを進む。泥で固めた塀の前にか細い薪のひと山、空っぽの牛小屋。泥の塀に切れ目があって、婆さんは踊りながら入ってゆく。赤土の庭に村人が七、八人かたまっていた。

ここか！　ここだ、夢にまで見た豹を捕った猟師、黄ホンカッブさんの家。何年もかかってとうとうたどりついた！

猟師の家

少し傾いた庭の正面に、かしげたような瓦屋根の小さな家。

腰高の土台はオンドルで大きな自然石を並べて粘土で固めている。庭に面した格子戸は障子紙が破れて、土壁には穴があき、崩れかけたのを渋茶色の紙が抑えている。横にあるオンドルの焚き口は黒くすすけて、夕方焚くのか落ち葉と枯れ枝を少しばかり積んでいる。

なんとまあやつれた家だ！

左手に水場があって、蛇口から水がたれ、茶色のプラスチックの盥、バケツ、黒い瓶がある。上にはロープが張られて、スポーツウエア、シャツなどがぶら下がっている。孫なのか男の子がいる。咸教授が奥で日本人の紹介をして、わたしを振り向いた。

「大丈夫です。入れといっています」

やれうれしや！

奥まったひさしの下が入り口で、皿状の自然石がおいてある。そこで靴を脱ぎ、上がりかまちへ上がる。額がかもいにぶつかりそうだ。おそるおそる板の間の戸をくぐると、穴倉《あなぐら》のようなオンドルの部屋で障子窓が一つ。三畳ほどの広さで片隅の小さな戸棚のほかになんにもない。壁は一面に渋茶色の新聞紙で、あちこち破れている。

これは……楽じゃない暮らしだ！

咸教授、白君親子、その横にわたし、入り口の一角に隣家の婆さんが四人、立膝やあぐらで座って満員になった。入れない村人は庭先にたむろしている。

わたしがテープレコーダーを出すと、日本婆さんは気がついた。

「録音するんですか？アイゴ、ゾアラ（こりゃうれしい）！みなさん、民謡を入れてもらいましょう！　センセイ、ここにゃシルラ（新羅）の国のねえ、昔の歌がありますよ」

　彼女は日本語と韓国語をチャンポンにして興奮している。

「さあ、いつものように、うたいましょう、はて、何からいくか！」

「ちょっとハルモニ、民謡を聴きに来たんじゃないから、だまってて」

　白君のお母さんがたしなめた。ハルモニはお婆さんんだ。日本婆さんはポカンとしたが引っ込まない。

「エーッとお、わたしの隣のこのハルモニは八十二歳で、イ(李)パンスンといいます。村じゃ一番の年寄りですから、このハルモニの

豹を捕獲した猟師の家、立っているのはスンニョン夫人

歌だけは入れてあげてください。この人はねえ、十三で結婚して、十四でこの村に嫁にきたんですよ、アッハハハ」

踊りで歓迎した婆さんが、うれしそうに身をもんだ。

これは大変、今にもうたい出しそうだ。どの人が主人なのかわからない。すると、細身の女性が小ぶりのミカンを盆にのせて現れた。よく日に焼けている。

「豹を捕った紅甲（ホンカップ）さんの奥さんはあなたですか」

「ネー、ネー」

ネーはハイだ。女主人の朴（パク）スンニョン、六十二歳という。

貧乏病にかかった

息子を交通事故で亡くし、豹を捕った夫を失ってから、女手ひとつで田畑を守ってきた。短めに髪を丸め、緑色の手編みのチョッキにスカートのようなチマをはき、遠来の客にものおじせずに向き合う。

「突然お邪魔して本当にすまないのですが、ホンカップさんはいつ亡くなりましたか」

白君は応援に来た母親をじいっと見た。血の気が失せている。

お母さんが二度、三度とうながすが、白君の口は閉じたままだ。お母さんが仕方なしに訳す。すると日本婆さんが一足先に、つづいてみんなが答えた。

「四年前に……いや、三年前に死んだ。生きていれば六十八歳のはずさ。四年間も寝たきりでなあ、アイゴー」

「去年にゃ母親には死なれるし、不幸つづきだわ、この家じゃ」

薬草のチョウセンニンジン

アイゴー、アイグは、韓民族が一語で喜怒哀楽《きどあいらく》をあらわす感嘆詞だ。

「ご病気はなんでした?」

「六十一歳で……ぶらぶら病にかかってしまった、アイゴー」

「えっ、なに病ですか?」

「ふらふらする病気ですよ、ひとりじゃまともに歩けない。舌がもつれてアーウーウーとしかしゃべれない。働けないから貧乏病ともいいますよ。あら、日本にだってあるでしょ」

「脳卒中《のうそっちゅう》ですか?」

「さあ……医者には一度も見せなかったから、正式な病名はないんですと」

「ここらの村じゃ、ほとんど医者にはかかりません」

「病院は遠いしねえ……、ぶらぶら病は、医者にかかっても直らないから」

国民健康保険のような医療制度がなく、病院は遠方の大都市にしかない。これが代々つづく秘境の村の暮らしだ。

「ホンカップさんの、お写真はありませんか」

「ない……撮らなかったもの」

「どんな人でした？」

「ネーネー、ホンカップは背の高い、がっしりした人でした。面長で顎髭《あごひげ》が長かった。お酒もタバコも好きで……ノロジカ（キバノロのこと）が捕れれば、三際里の町からも友達が遊びに来て……」

スンニョンさんは目をむいて思い出した。

「ネーネー、肉を料理してお酒を飲めば、吾道山みたいに気持ちが大きくなる。

キバノロ

持ってけ……なんてノロジカをくれてやって……」

　顔をしかめた。

「損することばかり……する人でした」

　すると婆さんたちから、

「おおう……おう、村のことは何でもやってくれるし、朝鮮人参とか薬草採りにかけたら名人だったけどな」

　ひとしきり亡き人を悼《いた》む声がもれた。ホンカップさんは女たちには深く信頼されていたのだ。

虎と豹は夫婦

「それで、吾道山のどこですかピョウボンが捕れたのは？」

「ピョウじゃない、ホランイのメスのやつだよ」

「そうそう、ボンのメスだよ。黄色い体に黒い花模様が、点々とあったもの」

ホランイもボンも韓国語で虎のことだ。ボンは日本の田舎で牛をベコとよぶようなものか。

「いいえ、動物園の記録ではピョウボンのオスとありますよ」

「オスじゃない、ホランイのメスだ。センセイ、そりゃきれいな……メスだったですよ」

部屋は騒然となった。そこで咸教授が微笑みながら説明した。

「韓国では、昔から虎と豹が夫婦だとしていました。豹のことを、田舎の人は今でも虎のメスと思っているのです」

驚いてしまう、虎と豹を夫婦にするなんて……初耳だ。ともかく、どこで捕れたのか。

「裏山ですよ、部落のうしろの吾道山に大岩があるでしょ、あの下あたり。登りに五百メートルもない」

すごい！と身震いが出た。部落のすぐそばに殺し屋が出るなんて！幼児がさらわれることなどなかったのか。ともかく、豹を捕った二十三年前のことに話を向ける。

「ネーネー、あの日のことはよぅく覚えていますとも……」

女主人は語りはじめた。

「夫のホンカッブは若いころから猟が好きで、よく山の鳥やけものを捕っていました。田畑の仕事の合間にね。いいえ、鉄砲なんてどこにもありません。ハリガネを輪にしたワナを掛けていたんです。それにときどき、ノロジカや猪、キジがかかって、それを持ち帰っては食べていたんです」

「猪は今もいますよ。畑や田んぼに出てきて……。ねえ、みんな」

日本婆さんが茶々を入れる。

「ハリガネの丸い輪にかかったんですか、大きな豹が？」

日本でも、昔は田舎で野兎を捕るために、雪山にハリガネを輪にしてかけるワナがあった。なんということだ、あんな細い輪に猛獣の首がかかったのか。して、なぜ窒息もせずに生け捕られたのか。女主人はつづけた。

「夫は四十四歳でした。陰の一月七日の朝、寒いがよく晴れて……」

韓国の田舎ではまだ陰暦が生きている。

「いいえ、雪はなかった。吾道山の高いところには積もりますけど、ここにはほとんど積もりません。夫は出掛けて一時間もたたずに、真っ青な顔で、クンイルラッタ、クンイルラッタ！（大変だ、大変だ）と叫びながら戻って来ました」

日曜日で、十九歳の息子のソックンはオンドルの床に片肘ついて長くなっていた。その息子が振り向いた。

「何が大変だって？」

ハリガネのくくりワナ

するとと夫はあえいだ。

「ホ、ホ、ホランイ（虎）が……、ワナにかかって……」

「なんだって？」

「アイゴ、暴れてるんだ！」

とたんに息子は跳ね起きた。

「こりゃマンセエ（バンザイ）だ！　マンセエだ！」

「それからどうしました？」

並みいる婆さんが一斉にしゃべりだした。

「一人ずつ、一人ずつ話してください」

通訳のお母さんが声を荒げる。

ドラム缶を檻にした

「ここまで大騒ぎでそいつを運んで来てなあ、ドラム缶を檻にしたべえ、その中に入れて、ここの庭さおいたのさ」

「待って……、どうやって、ここまで運びました？」

「担いで来たのさ、ハリガネにかかっていたんだもの」

「丸い、丸い輪ですよ。首が入るから、たいてい獲物は死んでいますよ。そのホランイはねえ、いいやピョウボンか。胴の細いところをハリガネで絞められて、死なずに暴れていたんですよ。ハハハハ」

「そうか、腰に輪がかかったのか！」

「そのワナはねえ、今は禁じられてかける人はなくなりましたわ。動物の保護が大事だってね」

するど、日本婆さんがしゃしゃり出た。

「だけど……猪とかノロジカが増えて、畑の青ものが荒らされて困りますよ。いい機会だ、日本のセンセイから、役所のほうに話してもらいましょう。昔のように捕らせてくださいって」

彼女は話しの腰を折る。

「ホンカッブさんは、それまで豹を捕ったことがありますか?」

「いいや初めて」

残念! ここでも稀なものだったのか。

気が付くと、女主人は消えてまわりの女たちが答える。特に日本婆さんの口数が多い。彼女は日本語を思い出し、ペラペラになってきた。

「うちのアボジも、山の向こうの村ですけど虎を二つ捕りました。落とし穴で」

「アボジというのは夫ですか?」

「生家の父ですよ。ですから昔のことで……、あまり大きくない虎を捕って売ったんです。その時はねぇ……」

日本婆さんは金という苗字だった。咸教授はわたしに、金婆さんのいう虎はヤマネコかもしれないと注意した。金婆さんが語ると、ほかの婆さんは白けた。彼女はなぜか信用がないらしい。

「金婆さん、今はホンカップさんの話しを聴きたいんですけど」

だが、金婆さんはへこたれない。スキあらばと構えている。

そこでパンスン婆さんが、野太い声でもう一度初めから物語る。

「ホンカップは、息子とピョウボンをふんじばって担いできた。やつは太いしっぽをぴくり、ぴくりさせて、息も絶え絶えだったのさ。この庭に運んできたが、さあ、入れるものがない」

「古いドラム缶を引っ張りだして、入れることにした」

と、また金婆さん。

「村はもう大騒ぎだ。……頼まれもしないのにハハハハハ」

「男たちは総出でドラム缶を横にして、そこへ太いハリガネをぐるぐる巻きにして檻にしたべえ」

ドラム缶の空いたほうへ太いハリガネで格子をつけた。

「ピョウボンを中に入れるのがひと苦労だった。ハリガネのすき間から頭を入れて、脚の縄を切って、ながあい尻尾の先まで入れたときは、マンセーと叫んで踊りだす者もいた」

「ウワハハハ……頼まれもしないのに」

緑色の燃える目

「ピョウボンの目の奥にゃ、緑色の火がめらめらしておったのう」

「見つめられたら、酔ってしまうとホンカップは注意したなあ」

魔性の目をしていたのだ。

「それじゃから、ピョウボンが牙をむいて、おっそろしい声でうなると、みな、ワッと逃げたべえ、女や子どもたちは、ころびながら逃げたなあ、ワッハハハハ」

「どんなうなり声でしたか?」

すると、パンスン婆さんが身構えた。

「ゴロゴロゴロゴロゴロッ、ゴロゴロゴロゴロゴロゴロッてな、大きなノコギリで太い木を、伐るときみてえな声だわさ」

ゴーゴーと鼻音を立てた。みんなはそうだ、そうだとうなずく。そこでテープレコーダーを巻き戻し、パンスン婆さんの鼻音を再現すると、部屋はドドドッとわいた。

「太ったピョウボンが、ここにもいた！」

人々は大口をあけて笑い、鼻音の主は床に身を投げて笑った。

「もう一度、聴かせてっ、聴かせて！」

これはまあ陽気な村だ。

「餌は何をやりました？」

ひとしきり笑ってから、別の婆さんが語る。

「飼い兎をぺろっと食べたですよ。でも、くわしいことはスンニョンに聴かにゃ」

呼ばれた女主人は、ぬれた手を前掛けで拭きながら入ってきて立て膝になった。台所で何か料理をしている。

「ドラム缶で九日飼いました。村の飼い兎はみーんな食べて、牛肉、豚肉を市場で買って、飲み水もちゃんとやったですよ。ええ、ドラム缶はここの窓の下におきました」

するとまた、ガヤガヤとなった。

「あのとき、暗くなればあんた、外へ出る者はないいんだ。もしやドラム缶から抜け出しゃしないかと、こわくてこわくて……小便にも行けやしない。そうすると山の向こうのほうで、連れ合いが吠えるんだわ。探しているんだろ、淋しい声で。すると、捕まったのも返事をするんだわ、ドラム缶の中で、シャウーン……って」

「仲間が助けにくるんじゃないかって、みんな心配したんです」

訪問した筆者らと村人たち

「山で吠えたのを聴きましたか?」

婆さんたちは顔を見合わせた。誰も聴かなかったらしい。しかし、金婆さんはしたり顔でつけ足す。

「風の音でも虎かと思うんですよ。吾道山からくる空っ風には、みんな小さくなるんですから。ましてドラム缶には、生きたのが一匹うなっているんだもの」

慶南馬山大学の咸教授も目をみはっている。この国の動物学上、前代未聞の話だ。

賞金で瓦ぶきに

女主人がちゃぶ台を真ん中へおいて、ご馳走を並べはじめた。大きな茶色の角ばったものはドングリの豆腐、白菜のキムチ、皮をむいたリンゴ、米をふくらませたお菓子など一杯に並んだ。すると白君は、驚いたことに銀色の箸をとってさっさと豆腐を食べ始めた。通訳はお母さんにまかせて知らん顔だ。

「ゆっくりできないから、ピョウボンの話を聞かせてください。ご馳走は結構ですから」

手を振って辞退したが、女主人はきかない。

「お正月が過ぎてなんにもないけど、はるばる日本から来たお客さんに、何か食べてもらわにゃ、わたしの気持ちがすまない」

と湯気を吹く鍋を運んできて、ステンレスのお椀に白いスープをよそった。ドックゥが入っている。ドックゥは米の粉で作った白い餅だ。

「オソオソ、ドゥセヨ（さあさあ、どうぞどうぞ）」

スープは白味噌でドックゥはこきこきした歯ざわり。日本の餅とは異質のものだ。ドングリの豆腐には、赤いコチュジャン（唐辛子味噌）をつけて食べる。豆の豆腐とは全く違う滋味深いもの。ドングリの豆腐は吾道山の名産という。豆腐とドックゥをつつきながら話しを聴く。

伽耶という名は千年も前の新羅時代のもの、谷間の行き止まりに住み着いて田畑を開いたのだが、いわれはもう誰も知らない。豹が捕れた時は三十戸、百五十人もいたが、ここには金になる仕事がないので若いものは出て行く。今は二十戸、百人足らずになった。

電灯は五年前の一九八〇年についた。一九七七年に吾道山に軍の基地ができ、部落のすぐ下に基地隊員のアパートができたおかげだ。それで部落の中だけ舗装になり、飲み水も簡易水道になった。便利になったが、山奥に嫌気がさして出て行くものが絶えない。

ドックゥを食べて咸教授は外へ出た。白君もつづく。二時間もいたが、日本婆さんが邪魔して、訊きたいことの半分も聴けない気がした。

あわただしく女主人に最後の質問をする。

ホンカッブは、ピョウボンをソウルの昌慶苑動物園に寄贈することにした。すると、役所では三十万ウオンの大金をご褒美《ほうび》にくれた。およそ百姓一年分の収入に当たる。その金でホンカッブは屋根を瓦ぶきにした。それまで村の家はすべてワラ屋根だった。ワラは傷みやすくてすぐ雨漏《あまも》りがする。

「それじゃ、ピョウボンで……大儲《おおもう》けしたんですね」

「いいえ日本のセンセイ、その瓦をな……」

女主人はかぶりを振る。

「運ぶのに道がせまくて牛車が入らない。それで道を広げるのに人夫を大勢頼んで飲ませ食わせしたら、賞金なんてもうないですよ。……それから夫はこぼしていました。、もうひとつピョウボンを捕らにゃ計算があわないと。……あとで漢方薬店の社長さんがはるばるタクシーで来て、とんでもない値をつけたんですから」

女主人は、初めて恨めしそうに歯をむいた。

障子窓の破れから、白君のメガネが中をのぞく。もう発たねばならない。

「カムサハムニダ、テーダニ（ありがとうございました。ほんとうに）」

オンドルの床に、わたしは両手をついて頭をさげた。

大柄なパンスン婆さんの両手はしっかり握った。咸教授は車のほうへ歩きだし村人もついて行った。心ばかりの謝礼の熨斗袋《のしぶくろ》を女主人に差し上げる。手をふり腰を引いて辞退したが前掛けのポケットへ入れた。

村のうしろの吾道山ににょっきり立った大岩が見える。豹がワナにかかったのは、あの下あたりという。近くまで行ってのぞいて見たい。

幼馴染の証言

たむろしていた男の中から、隣の住人、黄チャースン（六十六）さんが出てきた。

「オラでよかったら、現場を案内してあげますよ」

のっそりとジープに乗った。

チャースンさんは、茫洋《ぼうよう》とした誠にいい顔をしている。部厚い胸に胴着《どうぎ》を羽織《はお》っている。急カーブを曲がりジープを奥まで入れてもらうと、険しい登りになった。チャースンさんはジープのなかでゆったりと語る。

「ピョウボンを捕ったホンカッブはあんた、まっ正直ないい男でした。オラが二つ下の幼馴染《おさななじみ》で、毎日のように行き来して……キノコとか山のものが取れれば分けあい、キムチも家族ぐるみで漬けたりして……仲よく暮らしておったのに」

アイゴとつぶやいた。

「孝行息子が交通事故で死んでしまって……、確かピョウボンを捕って八年目のことでした。ホンカップはまだ五十二歳でしょう、それからは深酔いするようになって……六十一歳のときにゃ、三際里の市場で飲んでなあアイゴー。帰りに村の橋からまっ逆さまに落ちて……」

チャースンさんは、谷間を見下ろして顔をゆがめた。

「酔っぱらって足を踏みはずしたのさ。高く

猟師の幼馴染の黄チャースン

もない橋だったが、頭を石に打ったから、貧乏病にかかってしまった。ホンカップは四年間も寝たっきり……」

チャースンさんは、アイゴとくりかえした。

「たれ流して死にました。未亡人は苦労しましたよ。……男手がなくなって、母親と孫が三人残りましたからな。ああ、その母親も去年死にました」

豹の家に不幸がつづいたのだ。

ジープは斜面にきざまれた棚田《たなだ》の上をまわり、裏山へ登って行く。

吾道山の秀峰が間近に現れた。山頂にはレーダーのアンテナ基地が設置されて、そこへ登るジグザグ道が山腹を痛ましく削っている。斜面に二十メートルほどの高さの大岩が豪快に立って、その下の荒れた木立ちに松が混じっている。

「岩の少し前に曲がった松の木が見えますな、ワナにかかったのはあのあたりだったのさ。枯れたススキが混じっておるでしょう」

あらっと息を飲んだ。

斜面はまばらな雑木林といっていい。千古不抜の原生林はどこにもない！

これが豹の生息地、最後の秘境なのか。表土は乾燥していて草は貧弱だ。細いハンノキやシラカバがひょろひょろして、大岩の下方には丸い土饅頭《どまんじゅう》の墓も一つ二つ見える。気を取り直して訊ねた。

「昔は、ここらの山に大木がありましたか？」

「無論《むろん》……吾道山は大木だらけでした。オラが子どものころに伐ってしまって」

高い方はミズナラに松の混じる林におおわれている。そもそも日本の植民地時代に原生林は奪われてしまったのか。茫然としていると咸教授が訊いた。

「この辺に、豹か虎の巣穴はありましたか」

「巣穴なんて聴いたこともないな。どっか奥山から渡って来たんですな、あれは」

そこで咸教授がわたしに向った。

「近くに伽耶山もあるし、南には少し遠いけれども智異山があるでしょう。どちらも国立公園で山は険しいですよ。ことに智異山には今でも豹や熊がいると噂があります」

がっしりした身体のチャースンさんは現場を指した。

「あのとき、ピョウボンをワナからはずすときは、村の男たちが総出で手伝いに行きましたよ。むろん……オラも真っ先に」

「ええっ！　親子二人で生け捕ったんじゃないの？」

「どうして二人だけで生け捕りなんてできます？ センセイ、生きた猛獣ですよ、あたりをかきむしって……すごい暴れようだった」

ああっ！　とあわてた。豹を捕えた劇的シーンを聴いていない！

「あれからですか？　見た人はありません。それでもホンカップは語っていましたな、ピョウボンの仲間がまだいるらしいぞと。しかし、てっぺんまでトラック道路ができて、大きなレーダー基地ができてからは……どうですかな」

「……そうですか、……そうでしたか」

「軍隊が常駐してプクケェ（北傀・北朝鮮軍）の動きをですな……四六時中監視して

いるんです。プクケェの奴等がいつ攻めてくるかわからんからですな」

吾道山の七合目から上は住民も立ち入り禁止という。ここにも朝鮮戦争が重い影を落としている。

「あなたのお名前は漢字でどう書きますか？」

「オラの名前は漢字では……忘れたであ」

チャースンさんはゆうゆうとしている。

「朝鮮戦争のときは、ここまでプクケェのやつらが攻めて来たのさ。ドンパチの戦争はなかったが、三際里のほうじゃ皆殺しにあった家もありますよ。スパイだって疑われて。わしらは牛を一頭出させられてなあ。牛はやつらが焼いてぺろりと食ったのさ、そして……」

風が出てきてシラカバの裸の梢をゆする。吾道山から白いものがちらちらしはじめて、

「雪になる。発ちましょう」

咸教授はジープのハンドルを大きく切った。

第四章　豹の家に泊まる

また来たか！

その夜、わたしは馬山市の海辺のホテルに無事戻ったが眠れなかった。

——豹の家をようやく尋ね当てたのに、捕獲の様子を聞きのがしてしまった。なんという不覚《ふかく》。

韓国のふたりの大学教授のお世話になったのに、豹の村の探訪《たんぼう》は失敗ではなかったか。咸教授は、韓日友好のしるしと笑ってガソリン代も取らなかった。まともな調査こそ恩返しなのに。そこで焼けつくようなものがわが身を責める。

「取材を、やり直すべきではないか」

暗いオンドルの部屋で、否定するものがある。

「あんな山奥まで、また行くなんて……馬鹿げている」

しかし、抑《おさ》えきれないものが頭をもたげていた。あそこには豹だけではなく、現代文明から遠いものが人をひきつける。

「それじゃ通訳はどうする？」

白君のお母さんをまた頼むわけにはいかない。

「あの……日本婆さんでどうだろう？」

わたしは両のこぶしを固く握った。

「よし、彼女にかけてみよう！」

翌朝、暗いうちに馬山のバスターミナルへ出た。

不安をこらえて「三際里、三際里」と繰り返して切符を買い、手真似で訊いてバスにとび乗った。昨日、ジープで走った道沿いにローカルバスを二つ乗りつぎ、ようやく三際里で降りた。そこでタクシーに乗り、なんとか昼過ぎに伽耶部落へたどり着いた。

トランクをさげて正体不明の日本人が、小さいが軍のレーダー基地のある村を、またまた訪ねるなんて非常識きわまる。軍隊に見つかればただではすまない。ソウルのウオン教授にはくり返し注意されていた。

「軍隊につかまったら大変です。いいですか、わたしが保証人になって、エンドーさんをもらい下げに、はるばる現地まで行かねばなりません。大学の講義を休んでですよ。ですから、くれぐれも疑われないように」

二年前には、船員に変装してミャンマーに潜入した北朝鮮のゲリラ三名が、恐るべきテロ事件を起こしていた。親善訪問中の全斗煥韓国大統領らの暗殺を企だて、一行が礼拝しようとした建国の父を祭るアウンサン廟《びょう》にひそかに爆薬を仕掛け、韓国外務部長官ら二十一人を爆殺したのだ。

そこで韓国の官憲は潜入する不審者《ふしんしゃ》にピリピリしている。だが、これほどの秘話を逃がしては、作家などやめたほうがいい。

伽耶部落の真ん中でタクシーを降りると、村人はあっけにとられた。

「ややや っ、昨日のイルボンサラム（日本人）、また来たよ！」

「なんか、忘れものでも？」

「たった一人で……おかしいな」
七、八十メートル下の軍の宿舎からは見られないように、わたしは背を丸めて黄ホンカップさんの家に向う。日本婆さんこと金コウシュウさんが不審《ふしん》そうに出てきた。しかし、頼みを聞くと、パッと顔色がかわった。うなずきながら、

「ピョウボンを捕った時の話を聴きたいって、村の男たちから？　いいですよセンセイ、わたしが通訳してあげますとも。昨日の女よりずっと上手に」

まわりの家においでおいでをして、だれかれと男たちを呼ぶ。ホンカップさんの未亡人はと見ると、門口に立って笑みを浮かべている。先ずはホッとした。

昨日の部屋に、故人の幼友達の黄チャースンさんを中心に、素朴な身なりの年配の男たちが三人あぐらをかいた。部落に店ではないが酒やタバコをおいている家があるという。女主人のスンニョンさんにお金を渡して、お茶のかわりに真露（チンロ）という焼酎《しょうちゅう》の小ビンを三本用意してもらった。

迷惑《めいわく》をかけるとお酌をすると、チャースンさんはグラスを手に頬をゆるめた。

「おーら、感心なイルボンサラム（日本人）もいるもんだ！」

後の二人が、

「冬は仕事がなくて遊んでいるからな、真露という滋養の水は……」

「毎日でもいい！」

漫才《まんざい》みたいに合わせる。

親父さんたちのやりとりに吹き出した。金婆さんの通訳は大成功だ。

村人は総出《そうで》で豹を生け捕った

女主人も金婆さんも透明なグラスに目を細めて、パッパッと干す。アルコールの二十五度もある滋養の水だが、ふたりはビクともしない。

初めに豹の体重から訊ねた。大柄なチャースンさんはグラスを片手に、ゆったりと思い出す。

「目方なあ……、オラも片方を持ったが、十貫（約四〇キロ）じゃきかなかったべ。なあ、お前」

すると仲間の男たちもうなずいた。

「大きな犬よりでかかったさ。黄色い毛がふさふさして、銭型模様《ぜにがたもよう》が尻尾《しっぽ》の先まで浮いてて」

「ピョウボンなんて初めてみたが、そりゃあきれいなもんだった」

「頭から尻尾の先までなら……ふた尋（ひろ）じゃきかなかったべ」

と両手を二回広げた。

「あのとき、二十人ばかりの男たちが手に手に棒や鎌、鉈なんかを持って、こわごわ近づいたべえ。ピョウボンは真っ赤な口をあけ、牙をむいたが逃げられねえのさ。ホンカップは、うまくワナにハメたもんだでゃ」

彼は祖父に、子どものころからワナの掛け方を仕込まれたという。

「ピョウボンの声は腹を絞めあげられていたから、悲鳴だったな。シュウシュウとしか鳴けねえ」

「ハリガネの端は松の木に結んでいたから、さすがの猛獣もどうにもなんねえんだ。ハリガネって、ほら……ワイヤーのやつな」

「ワイヤーのハリガネだったのか、それで逃げられなかったんだ！」

わたしは悲鳴をあげた。

「ワイヤーは細くても切れないんだ。そこで叩き殺すのは簡単だったが、ホンカップは生け捕ることにしたのさ。ソウルの動物園にやるべえって。あれはエライ男だよ、ピョウボンを生きたまんま、国中の人に見せようとしたんだからな」

二股の枝を鉈でYの字に切って、男たちは手に手に持った。それで暴れる豹の首を左右から押さえた。

伽耶部落の子どもたち

「動けなくなったところで、ホンカップが麻袋を持ってピョウボンの頭さかぶせたのさ」

一人がへっぴり腰で豹を捕える真似をしてみせた。そのとき、誰かが外から呼んで女主人は立って行った。すると、チヤースンさんが口をすべらせた。


豹にやられた人がいる！


「後脚《あとあし》をふん縛《じば》って、前足をつかんで縛ろうとしたときだ、ホンカップの弟が大ケガをしたべえ、ピョウボンが弟の手を、ガリガリッて齧《かじ》ってなあ」

ワッとわたしは腰を浮かした。

「ホ、ホントに豹にやられたの？」

「やられたもなにも、片っ方の手がもげるほどの大ケガだった、アイゴー」

よかった、再調査して！

ソウルの昌慶苑動物園に囚われたチョウセンヒョウには、劇的な秘話があった！

思わず滋養の水を飲み干す。村人の顔がほころんで、チャースンさんはうやうやしくわたしに杯を差し出した。すると、

「噛んだんじゃねえや、爪でやったのさ」

「いいや噛んだのさ、お前はうしろのほうで、見えなかったべ」

男たちはダミ声で言い合いになる。そこへ女主人がもどって来て、手の平を見せた。

「弟はここをピョウボンの爪で裂かれて、ひどいケガをしましたよ。白い骨までざっくり見えるケガで、四十近い弟は、アイゴー、アイゴーと泣いて下りて来たんです。手は血だらけで、それを手ぬぐいできつく縛って、……幸い、農閑期《のうかんき》だったから、弟は手を休めて……」

「弟さんのお名前は?」

「紅秀（ホンスウ）といいますよ。今日は牛売りの手伝いに行っていません」

豹にやられた人がいるなんて前代未聞《ぜんだいみもん》！

貴重な取材が終わって外へ出ると、幼友達のチャースンさんは屋根を指さした。

「ピョウボンが捕れた記念に、ホンカップは記念碑を立てましたよ」

てっぺんの瓦屋根に「虎」の一字が刻まれていた。特注して焼いてもらったという。

腹の底からうなって眺めた。すると女主人はつぶやいた。

「吾道山にゃ、何が出ても不思議はないと、アボジはいつも口にしていたな」

「そうですか、やっぱり……」

うなずくと、女主人は庭先の小さな家を指した。

「また来なさい……。海の向こうからもピョウボンを調べに来るなんて、とってもうれしい。今度はアボジが使ったこの部屋に泊まって」

じんと胸が熱くなる。この国を苦しめた日本人に、スンニョンさんは温かい。

猟師の写真があった

吾道山から豹が消えたとは思いたくない。

吾道山の秘境には現代文明のとうに忘れたものがある。そして、豹を生け捕った猟師の面影はまだまだ不明だった。豹の爪で手の平を裂かれた人もいる。そこであそこを歩いてみたい……豹のまぼろしを探し、村人の暮らしをのぞいてみたいという思いは高まるばかりだった。

六月初めの午後も遅く、今度はソウルから慶州《キョンジュ》まわりのバスで再び豹の家を訪ねた。三際里でタクシーに乗り、吾道山の見える所で車の窓から吾道山の写真を撮ろうとすると、運ちゃんはあわてた。「ノーノー、ノー、ポリス、ポリス（警官）！」と手を振る。レーダー基地の撮影なんて警察が禁じているのだ。

それでも吾道山には白い雲が浮かび、伽耶の部落は見違えるような緑に包まれていた。栗の花が一面に咲き、カッコウ、ホトトギスが鳴いてシジュウカラも虫を運んでいる。田んぼには手植えの苗がそよぎ、畑には青々と菜っ葉やトウガラシが育って、村人は黒々した堆肥《たいひ》を切り返している。屋根のあちこちにテレビのアンテナが立ち、ビニールハウスもひとつ建っている。村人はもう、わたしに見慣れて騒ぎはしない。子どもたちだけが笑顔で集まって来た。

豹の家の庭に、スンニョンさんは肌着に前掛け姿で出てきた。日本人を見るとびっくりし、パタリと手を打って笑った。

「アイゴ、よく来たこと。これはすぐ金婆さんを頼まにぁ」

呼ぶまでもなく、日本婆さんがバタバタ駆けつけてきた。胸を張って通訳をすると、スンニョンさんの語りはこうだ。

「今日は朝からコサリ（ワラビ）と薬草採りで、今帰ったばかりだわ」

水場の盥《たらい》にワラビの束と何か薬草が漬かっている。

「山菜採りは一人で？　ピョウボンがこわくはないの」

「ああ、山へは二人、三人で行くのだから苦にはならないよ」

平然としている。

そこでアボジの発病を訊いた。すると、

「橋から落ちて担がれて来たときは口がきけて、アボジしっかりと励ますと、なあに、もう一つピョウボンを捕ってみせる、と力んだんです。だけど、翌朝にはかわいそうに手足がきかなくなって……ア、ア、アとばかり」

吾道山の猟師は、八年前まではピョウボンがいると信じていたのだ。

日が落ちると、女主人は手招きして日本人を庭先の小屋へ入れた。おお、猟師の紅甲さんの住んでいた部屋、畳二枚ほどで端に小机が一つあるきり。

「豹の家に泊まれるとは、なんという感激！」

ぼおっとしながら上りこむ。床は石造りでひんやりして、黄色い紙を糊づけしている。板壁には古びた新聞紙が貼ってある。部屋はオンドルで冬は外の焚口から火を入れる。普段は孫の圭實（キュウシル）君が使っている。

キュウシル君は十八歳。二十歳で兵役につくまで、祖母を助けて田畑の仕事をしている。弟は高校生で奨学金をもらって学校の寮に、姉は大邱の町に住み込みで働いている。

キュウシル君は大柄で迷彩服を着ている。事故死した父親に似て、おっとりしているが相撲の強さは抜群《ばつぐん》という。おずおずとわたしに小さな古い身分証明書を見せた。

「このサジン（写真）……、ハラボジ（お爺さん）」

おおう、女主人がないといった黄紅甲（ホンカップ）さんの写真！

よかった、孫のキュウシル君が大事にしまっていた！

顎髭をもやもやとはやしている。日本にはない時空《じくう》を超えた顔！　かつて慶尚南北道に栄えた新羅の国の人、そのままか。いや、これが豹と共存していた吾道山の先住民なのだ！　深い感動に包まれて見つめる。カメラでコピーするため一晩貸してもらった。

やがてどの家からも煙が上がって夕げの時間になった。

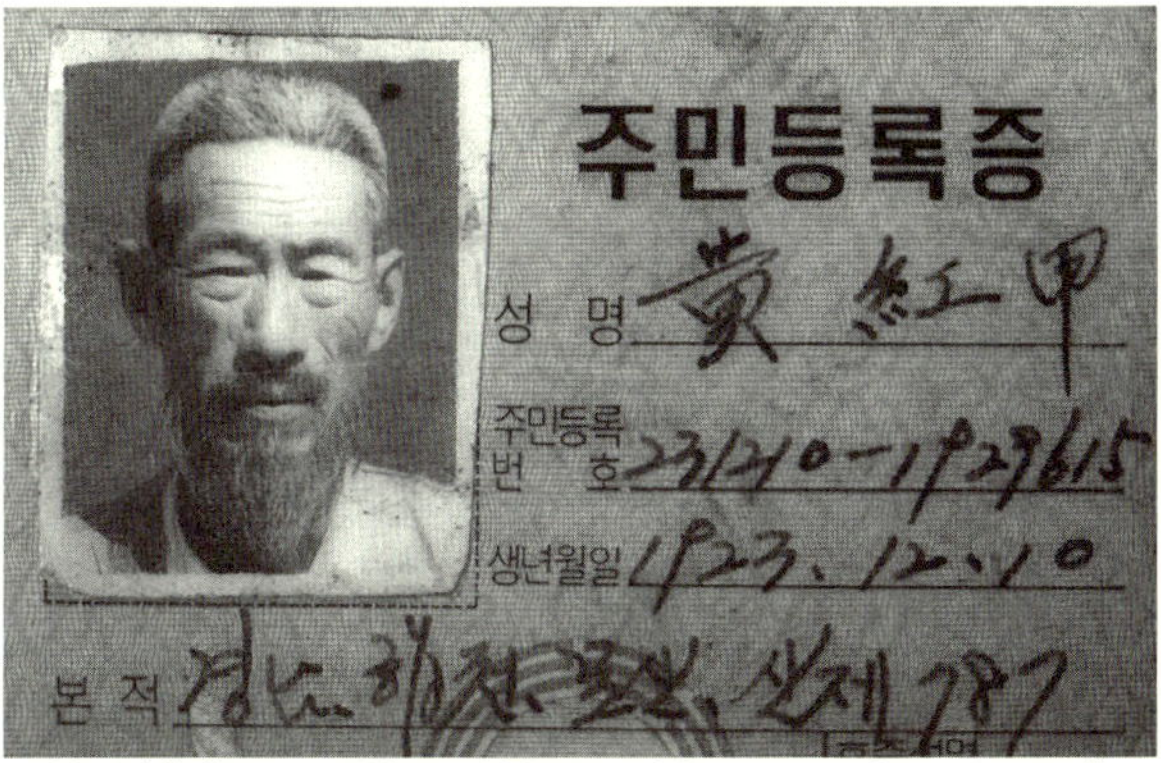

豹を捕獲した猟師、黄紅甲（ホァン・ホンカップ）

スンニョンさんは庭にむしろを敷き、暑いから外で食べようと手招きした。喜んでむしろにあぐらをかくと、めいめいに足つきの黒いお膳《ぜん》を出してきた。麦ご飯に赤い小さな大根のキムチとワラビの煮物、いためたキャベツの丼がのっている。キュウシル君はあぐらでスンニョンさんは立て膝で向いあう。

銀色の細い箸をとっていただくと、ワラビの煮物はコチュジャンの味つけ。トウガラシが効いておいしい。いためたキャベツに箸をすすめて、おやっと思った。うす味でやわらかな甘み。家の畑で育てたものだろう、キャベツなんてこんなにうまかったか。

「とってもおいしい！」

目を細めて食べてみせると、スンニョンさんはうれしげにこっくりした。

麦ご飯は赤い小さな大根キムチとよく合う。豹を生け捕った猟師は、このようなものを毎日食べていたのか。吾道山の滋養のこもった、素朴で力のつきそうなご飯。ゆっくり味わっていると、ホンカップさんに半歩近づいた気がした。

キュウシル君は麦ご飯のお代わりをした。キュウシル君はもう一人前に力仕事をするので、スンニョンさんの暮らしはずいぶん楽になった。

満腹すると、谷間の村のたそがれは深くなった。遠く眼下の三際里の村に灯が点ると、田んぼのほうでにぎやかなカエルの合唱が始まった。耳を澄ますと、これは日本と同じアマガエルだ。中国東北部でも聴いたことがある。

豹の村の暗黒の一夜

スンニョンさんは部屋に薄い布団を敷いた。

何かつぶやきながら白磁の壷《つぼ》を抱えてきて部屋の片隅においた。亡くなった夫が使っていた尿瓶《しびん》。コップに水を汲んできて入口におき、喉が渇《かわ》いたらと指さす。

コマスミダ（ありがとう）と頭をさげると、布団を直し枕をおいて、お休みなさいのしぐさをして出ていった。日本人になんのこだわりもない。

布団に座って、二十ワットの明かりの下で改めてホンカッブさんの写真を眺めた。

面長で背が高く薬草採りの名人だったという。彼は最後の楽園のさまざまな秘話を知っていたに違いない。

「じかに会って聴きたかったな。……山の人生も」

惜しんでいると、キョキョキョキョキョキョキョとヨタカが鳴きだした。繁殖のために南の国から東シナ海を渡って来た。遠く近く村のまわりを飛んでいる。

そっとまた外へ出てみた。豹の村は暗闇に沈んで、下の家の山羊も豚の親子も寝静まった。女主人と孫のキュウシル君も母屋で眠って、吾道山はもう豹の時間である。わたしの

吾道山と大岩、この下でワナにかかった

部屋の小さな明りにヨタカの声が寄ってきて、ふっと途切れた。

「いいなあ、豹の村の暗黒の一夜！　ヨタカも鳴いて」

うっとりしていると、ヨタカの声は母屋のてっぺんから降ってきた。

玉と玉を打ちつけるようなすさまじい響き。こんな不気味なヨタカは初めて聴く。

あわてて部屋の明かりを消すと、神秘的な豹の息づかいを聞くような気がした。

吾道山の暗闇を、今も殺し屋がさまよってはいないか。親は岩穴に子猫のような子どもをおいて、キバノロを狩りに出ているころだろう。七合目まで男の足で二時間という。

「よし、今夜はよっぴいて豹を探してみるぞ」

かねて日本で考えていた蛮勇をふるって庭に出た。

ストロボのついたカメラを背負い、足音を殺して歩き出した。大きなカーブを曲がり、部落を離れて大きなサーチライト型のライトをつけてあたりを照らす。豹がいれば、その目は妖《あや》しい緑色に反射することだろう。その姿を写してみたい。

登りを二十分ばかり進むと、ライトに豹がワナにかかった場所の大岩が浮かびあがった。昼とはがらりと違って不気味な気配。

「もしかして殺し屋が、うろついてはいないか」

韓国の夜の山でひとり豹を探すなんて正気の沙汰《さた》ではない。それは分かっている。しかし、奇跡がこの世に起きることをわたしは否定しない。まあ自分勝手な理屈だが。

そろそろとライトで照らしていると、突然、音もなく大きなオートバイが一台、赤いライトを点滅させて山道のカーブを降りてきた。アッと草むらに身を伏せる。続いてもう一台が今度は登って来た。まずい！　これは豹よりも危険！　ウオン教授がくり返した、

「軽はずみなことを、いいですか、くれぐれもしないで」

警告を思い出してゾッとする。捕まったら大変！

軍のオートバイが夜も往復するとは……考えてもいなかった。これでは警戒心の強い豹は絶望だろう。軍人はまた暗夜に妙な日本人を見たらスパイとまちがえて発砲す

るかもしれない。あわてて紅甲さんの部屋にとって返す。コップの水をゴクゴク干して横になり、深呼吸をくり返す。

おそるべき爪跡

夜明けに、またひとしきりヨタカが鳴いて、無事に目覚めた。

「奇跡は起きなかったな……」

首すじをなでながら庭に出て、豹の村の朝を味わう。

冬には貧相《ひんそう》な部落と思ったのだが、沢々が生み出す朝もやに包まれて、えもいわれぬ香りに満ちている。田畑と家畜のかもし出すものに、何の花か滋味の濃いものがブレンドされている。

吾道山の村人はもう動きはじめた。黄色の大きな牛が首に吊るした鈴をカラン、カラランと鳴らして行く。鈴は昔、虎や豹を除けるためにつけた名残りだ。牛の陰に十歳にもならない男の子が綱を握っている。大きな牛を犬でも運動させるみたいに、

「ウエウエッ、ウエウエウエッ、ウエッ」

声をかけながら、裏山に草を食べさせに行く。

男の子は家の財産を引いているという大人びた顔だ。

緑のなかでにぎやかに鳴いているのは黄色のコウライウグイス。部落中にひびくいい声はシロハラか。ホーホケッ、ホーホケッとウグイスも鳴く。豹の親子も生きていれば、野鳥の声に銀色の口ヒゲをピクピクさせたろう。

女主人のスンニョンさんが、笑顔で

豹の爪でケガをした弟

部屋まで朝食のお膳《ぜん》を運んできた。

足元にアヒルの子が五羽ばかりガガガガと鳴いてついて来た。足のついたお膳には、ステンレスのお椀に山盛りの麦ご飯と味噌汁。大根キムチとキャベツのいためもの。小鉢には赤黒いザリガニの煮物が五、六匹。今朝、田んぼや小川でキュウシル君が捕ったという。

ザリガニは小ぶりで、カニとエビを混ぜたような味。ザリガニのハサミだけを残しておいしく食べおわると、庭に声がして小柄な親父さんが現れた。

「オレ、弟の紅秀（ホンスウ）だけど……」

おお、ホンカッブさんの六つ下で、あの日、豹の爪で大ケガをした人だ！

三度目の訪問でようやく会えた。早速、金婆さんの立会いで右手を見せてもらう。分厚い、よく働いた手のひらに、縦に一本白いすじ。豹にやられたキズ痕！　両側にはうすくなった二本。二十年以上も残るとは大変な深手だった。豹という殺し屋の爪のこわさにゾッとする。頚動脈《けいどうみゃく》でもやられたら助からない。紅秀さんはその手で、

「えらい目にあったのさ……ピョウボンの足を縛ろうとしてさ、爪でやられたんだ」

豹が前足を開いて、さっと襲ったしぐさをしてみせた。病院には行かずに傷口には薬草を貼ったが、なかなか直らず、大事な右手は半年も使えなくて往生《おうじょう》したという。

ホンスウさんの写真を撮り、豹がまだいると思うかと訊《たず》ねた。すると、ホンスウさんはあわてた。

「ピョウボンを捕るのはこりごり。もう大ケガなんか、したくないんでね、アイゴ」

ホンスウさんは右手を胸に大事に抱いて行ってしまった。今日はどこかの麦刈りで忙しいという。金婆さんの通訳は的はずれなこともある。

愛人がいた

豹の痕跡とホンカッブさんの人生を探して、何日か泊まりたいのだが、軍隊が夜もパトロールするのでは止めた方がいい。豹の爪で大ケガした人に会い、黄紅甲さんの写真をコピーさせてもらっただけで満足すべきだろう。もう帰ったほうがいい。

金婆さんに別れの挨拶《あいさつ》をしにブロック塀《べい》の門をくぐると、金婆さんは白い麻の韓服を涼しげに着た夫と三畳ほどの部屋にいた。庭に黄色い牛の親子をつないで、こざっぱりした中年のアジュマが一人で世話をしている。アジュマはおばさんだ。

夫の爺さんは七〇歳、銀髪に櫛《くし》を入れて物持ち風である。白黒のテレビがあって、豹の家よりは暮らし振りがいい。爺さんは広島に行ったころは日本語ができたがすっかり忘れた。金婆さんは、さあさあとわたしを奥に招じ入れると、突然出口をふさいだ。

「センセイ、昨日の通訳代をですね、もらっていません」

とがった目をしてゆすってきた。

「爺さんがね、欲しいというんですよ」

ゲッ？　お菓子の手土産で礼をしたつもりだったが足りなかったのか。しぶしぶ数枚の紙幣《しへい》を差し出すと、婆さんの態度はがらりと変わった。

「おやまあ、下さるんですか、こんなにたくさん？　すみませんねえ」

してやったりと爺さんに渡す。

爺さんは無表情で、懐から茶色の布製の巾着《きんちゃく》を出して紐をほどくと、紙幣の間にそれをはさんだ。すると金婆さんは、あっけらかんと語り始めた。

「巾着なんて珍しいでしょ。この爺さんは守銭奴《しゅせんど》でね、寝る間もあの巾着を放しませんよ」

婆さんは守銭奴なんて、すごい日本語を覚えている。守銭奴さんは巾着に紐をぐるぐるっと巻き、平然と懐にしまった。

「この人は、自分は働かないで一文でも出し惜しみます、ハハハ。牛肉とか魚なんかはねえ、お正月と秋夕《チュソク》のほかはめったに買いません」

秋夕は韓国のお盆のことでご馳走をたくさん作って先祖の供養をする。

「この人は夜が明ければ、もう、ぐずぐずいいますよ。わたしとアレにワラビを採って市場で売ってこい。……田んぼの草取りが足りないだろうが。……ほらキャベツ畑が青虫だらけじゃないか、見えないのか……って命令ばかり。わたしはもう、よう働けない。日本へ引っ張っていかれて、広島のピカドンで足をやられたもの。……アレってあの女は」

牛に草をやっているアジュマに顎をしゃくった。

「爺さんが三十年も前に、どっかの青空市場で拾ってきたんですよ。身寄りがなくて可哀相《かわいそう》だからって。耳が聴こえないから、しゃべることはできません」

「ええっ、そうすると……まさか？」

「日本でいえばアレですよ。アレ。爺さんのいい人ですよ。ワハハッ……、なんでも手真似でわかるし、働きもんです。わたしの三倍動きますよ。夜はこんな狭《せま》い部屋に三人並んで眠るんです。……爺さんを真ん中にして」

「………」

「爺さんは初めはこっちを向いて寝ますよ。だけど夕べだって気がついたらアレを抱いていたんだから……」

ポカンとして聴く。爺さんは照れもしない。突然叫んだ。

「ケチンボの、バッカヤロ！」ハッとわたしは腰を浮かした。すると爺さんはニヤリとした。覚えている日本語は他にスミマセン、サイナラだけという。

爺さんはドクサ（毒蛇《どくじゃ》）に噛まれた

「爺さんは三年前からぶらぶらばかりしていますよ。……ドクサに噛まれて、あの世に行ってからだね」

「えええっ、あの世に？」

「いや……もどってきたのか、そうだね。エへへッ」

またまたおどろく話になった。ドクサとは毒蛇のことだ。

「なにね、爺さんはあの日、畑の端で大きなドクサを一匹見つけたですよ。そこでドクサの頭をゴム靴で踏んでね、もうけた！　と大手を打ったですよ。ドクサには、とんでもないゼニをパパッと出す人がおるんですから」

それで……と息を飲む。

吾道山の眼下の風景

ドクサ　　　写真キム・テホ

「爺さんはホイホイ浮かれてね。頭からこうして皮をむこうとしたらドクサはちょっと首をひねって」

婆さんは指で蛇の頭をつかむしぐさをして見せた。

「爺さんの足の親指を噛んだですよ。ゴム靴の上からがぶっと……。爺さんはアヤヤ、ヤヤヤと悲鳴をあげてね。赤児みたいにひっくり返ったですよ」

「あれまあ」

「それでアレとわたしが、ゴム靴をぬがせて爺さんの足にくらいついて、口で毒を吸ったですよ。爺さんの足はねえ、たちまち丸太みたいにふくれて……。アレは頼みの爺さんが死ぬかと思ったんでしょ、泣きながら毒を吸ったですよ」

あっけにとられる。

「えぇえ、とんでもないもうけですよ。それからタクシーをよんで毒抜きの医者にかかるやら、巫女《みこ》に拝んでもらったりね。……ろくな効き目もないのに」

爺さんはここまではれたと膝をむき出し、つと半眼になり、あくあくあくと死にかけた真似をした。

「そのドクサは？」

「逃げたですよ、のうろのろとね、ひっくり返った爺さんを見い見い。……まだいるでしょ上の畑に」

爺さんには悪いがプッと吹き出した。

「ドクサだって、普段はおとなしいんですよ。皮をむこうなんてしなけりゃね」

韓国の国鳥カササギ

庭の奥の木の根でシマリスがうろちょろして、カササギが二、三羽、パタパタ騒いでいる。

短い小銃を背負って兵隊が、オートバイをふかして吾道山を登って行った。首をすくめてやり過ごす。

チャースンさんは山頂からの眺めは絶景という。すぐ北に海印寺《ヘインサ》のある伽耶山がそびえ、遥かな南には智異山《チイサン》のピークも見えるという。かつては虎や豹の君臨した山脈を眺めたいのだが、軍隊が常駐しているのではあきらめるしかない。

パンスン婆さんが一昨日ころんでケガをしたという。パンスン婆さんはわたしを踊りで歓迎した人だ。それは気の毒と出発前に金婆さんと見舞いに出かけた。

真心が大きい

パンスンさんの古い木造の家には、垣根に黄色いレンギョウに似た花が垂れ、干草の匂いがする。庭先には空洞の大木を二本斜めに横たえて、穴からはミツバチがブンブン出入りしている。大木をそのまま巣箱にする養蜂なんて、まるで先史時代だ。

パンスンさんは縁側に腰掛けていた。右の瞼《まぶた》がかわいそうに青痣になっている。庭先の石を踏みはずしてころんだという。金婆さんは思いがけないやさしい声をかけた。

「大丈夫かいハルモニ。無理をしないで、休んでいたほうがいいよ」

「今日はよっぽどいいのさ……目まいもしなくなったし」

血圧でも高いのではと思うのだが、パンスンさんは血圧など計ったこともないという。よっこらしょと立って台所の黒い瓶《かめ》から、茶碗三つに白い液体を汲んでお盆にのせてきた。口にするとなつかしい香りが立ちのぼった。

「やあ、うまい……甘酒《あまさけ》なんて、こんなにおいしかったか」

舌つづみを打つと、パンスンさんはうれしげに手だけで踊る真似をした。そのまま、

「トラジィ　トォラージィ　ペクトオオラージィ……」

太い声でうなり始めた。トラジとは桔梗《ききょう》のことだ。すわ、新羅の古謡《こよう》かと腰を浮かすと途中でかすれて、パンスンさんはゼイゼイと喉を鳴らした。

「転んだので息がつらい、今度また聴いてください」

「そうしなさい。無理をしないで……」

金婆さんは、パンスンさんの広い背中に手をおいた。

「このハルモニはねえセンセイ、体だけじゃなく真心《まごころ》が大きいですよ。真心が……。わたしらが広島から引揚げてきたときにゃ、村じゃ、わたしを日本カブレと馬鹿にして……。どれほどいじめられたかしらん。だけどこのハルモニが守ってくれたんだワ。それで村の人ともだんだん仲良くなったのさ」

「それはそれは、いい人がいたんですね」

庭先の藪《やぶ》でのどかにウグイスが鳴く。

甘酒をすすりながら、ふと口にした。

「ホンカップさんの息子の嫁さんは、亡くなったそうですね」

「とんでもない！　センセイ！　死ぬなんて……」

婆さんたちは息巻いた。

「元気でしょう多分！　丈夫な女だったもの」

「アレレこの前、孫の母は去年死んだって聴きましたけど……」

「うんにゃあセンセイ、先日の女の通訳は下手でした。自分ばかりがうまいふりして。嫁はねえ……行方不明ですよ」

「どういうこと？」

「去年、ボケて死んだのは、ピョウボンを捕ったホンカップのオモニ（母）ですよ」

「あれまあ、それじゃ、孫三人の母親は？」

「蒸発《じょうはつ》したんだわ……あの嫁は」

ふいに金婆さんは、わたしでも悪いみたいにがなりたてた。

「夫のソックンが流行りの出稼ぎに誘われて、大邱《テーグ》の街へ行ったでしょ。地下道の穴掘りにこきつかわれて、その帰りな……大通りをうろうろしていて、タクシーに跳ねられたでしょ。……轢《ひ》かれた者が悪いと一文の補償もないんだワ！」

パンスン婆さんも太いため息をついた。

「山家育ちのソックンが、いきなり町へ出るのがそもそも間違ってた。……自動車もろくに見たことがないというのに。……それよりもドングリを拾って豆腐をつくる、それにチョウセンニンジンなどの薬草とか山菜、キノコを採って市場で売れば、ゼニは細くても、りっぱに生きてはいけたのに……アイゴー」

そこで声を落した。

「あのとき、ソックンの嫁は二十三歳。子どもはようやく歩きだした二歳と三歳、上の娘は五歳……か」

嫁さんは行方不明

「大変どころじゃないんだわ。それからどうやって嫁は男なしで暮らします?」

金婆さんは舌打ちをした。

「子どもを三人おいて、ゼニを稼いでくると家を出たのさ。……それから一度帰ってきて男の子二人を左右に抱いて……両方の乳が空っぽになるまで飲ませてさ、それっきり。……どこでどう暮らしておるか……、行方知れずだワ」

「それで……あちこち探しましたか？」

「探したってどうにもならないのさ。帰って来たって、戦死した夫が生き返るわけでなし」

金婆さんは交通事故死を戦死という。

するとパンスン婆さんは眉間に深い縦皺《たてじわ》を寄せた。

「それでもスンニョンは、あの嫁は必ず稼《かせ》いで帰ってくると、ただ、ただ孫たちを抱いて待っていたのさ、……エライ女だよスンニョンは」

豹を捕った韓国最後の猟師が、これほどの不幸に見舞われていようとは……。息子を交通事故で失くし、その嫁は蒸発。自らも寝たきりになったのだ。

貧しいアジアの山村を象徴《しょうちょう》するような人生ではなかったか。

「あの嫁ね、小太りの……まああの女だったさ」

金婆さんは、少し落ち着いて打ち明けた。

「えーえ、朗らかな性分でしたよ。夫のソックンともじゃれあって……またピョウボンを捕ってとせがんだりして。その金で家を建て替えるんだとね。お人好しのソックンが顔負けするような元気な嫁だったわ。お腹が大きいときにも平気で働いたしね。ほんと、夫を裏山に葬ってからは、ぼんやりになってねえ、アイグ」

パンスン婆さんもつぶやく。

「どこへって、川しもの遠くの町に流れていったのさ。大邱とか釜山の賑やかなところへさ。お金を稼いで帰るつもりだったろう。だけどダメだった。借金でもすれば、食べていくだけでせい一杯だったろうさ」

悄然と肩を落とす若い嫁さんの姿が浮かんだ。

「三人のかわいい盛りの子どもをさ、思い出しては泣いたろう……なあハルモニ」

ふいに金コウシュウさんは鼻をすすった。

ガメツイ婆さんとだけ思ったのだが、人の世の哀しみも知る人だ。

三人の子は、スンニョン婆さんがろくな現金収入もなしに育てた。彼女はひたすら運命に耐えて泣き言は言わなかったという。

向かいの土手でコウライキジが鳴く。パンスンさんは、葉っぱのついた笹竹《ささだけ》を持って、目は軒先にひるがえる影を追っている。追っているのはなんとツバメだ。

「ツバメはねえ、田んぼの虫を食えばいいのに、うちのミツバチもとって食うのさ。しょうがないねえ」

ツバメは村のあちこちに巣をかけている。養蜂の邪魔になるとは初耳だ。笹竹で追われるとツバメは屋根の向うに消える。だがまたジュクジュク、チュウチュウとやってくる。大胆に低く飛んで空洞に出入りするミツバチをさらう。

「アイゴー、またひとつ食われた！」

パンスンさんは眉をしかめた。

足るを知る

ホンカップさん一家は、吾道山のふところに代々田畑を作り、肥やしを取るために一頭の牛を飼い、キムチを作って幸せに暮らしていた。そこを襲った悲劇は、急速なこの国の近代化のせいではないか。情け容赦《ようしゃ》ない車社会が道路も信号機も保険制度も整《ととの》わないままにやってきて、大事な跡取り息子を奪ってしまった。

スンニョンさんの田畑が忙しいときには、パンスン婆さんや近くの者が子守をして助けた。それをくり返し語る金婆さんは語気《ごき》を強めた。

「大金をもらっていい気になり、屋根を瓦にしたりするから……、ホンカップにはバチが当たるんだと、あの家の悪口か……言う人もいましたよ」

パンスン婆さんは、ツバメも来ないのに笹竹をシュウと振った。そんなことは言うなとでもいうように。それから、甘酒でぬれた口を手の甲でぬぐうと、やおら話題を変えた。片目は半分しかあかない。

「ここは見る通りの……、あの世に近い貧乏村だけど、センセイ」

ハッと耳を疑った。八十過ぎたパンスン婆さんのことばは思いもよらない。あの世に近い貧乏村なんて……並みの表現ではない。

「夏はねえ、のん気に暮らせる天国ですよ。吾道山からはコサリ（ワラビ）やデゥル（タラノメ）と薬草のオンナム（ハリギリ）なんかが採れるし、わしらが作る白菜やキャベツなんて、農薬なんぞを使わないから、そりゃあ甘くて味がいい。大邱の街みたいに殺されるほど忙しいことはないんだし……やっぱり、ここは天国だべえ、なあ日本婆さん」

日本婆さんこと金婆さんは、ふむふむとうなずいたがすぐ口をとがらせた。

「夏はいいけど、冬が大変さあね」

「冬だって何とかなるのさ……ジャガイモとキムチさえあれば」

「そりぁまあ、そうだね」

よく日に焼けた婆さんたちに目をみはった。これは足るを知るという東洋の古くからの思想ではないか。婆さんたちはあの世に近いといいながらゆうゆうと暮している。

年配の息子さんが、耕運機に束ねた麦の山を積んで来ておろして行った。古い村だが機械が入っている。耕運機はリヤカーまがいの茶色にさびたものだ。すると伽耶部落は地球環境にきわめて負荷の少ない村といっていいだろう。静かな縁先に座って気がついた。

村人は吾道山の水と滋養で育った米と麦、山菜と野菜を食べて……ひたすら天からの恵みに汗している。庭先でハチミツを採り、甘酒やドングリの豆腐を作る。喜びや悲しみには酒を汲み、千年も伝わる新羅の国の民謡をうたう。

すると吾道山の秘境は、豹を生け捕った家に悲劇はあったが、まだまだ楽園ではないか……。そう思うとわたしの胸には満ちてくるものがあった。

名残り惜しいがパンスン婆さんに、くれぐれも大事にとお見舞いをしてスンニョンさんの家へもどった。働き者の女主人は田んぼの見回りに行くのか長靴をはいていた。下の家から電話をかけてもらってタクシーを待つ間、もう一度ホンカッブさんの人生を訊いた。損することばかりする人だったという。

するとスンニョンさんの顔に、泣き笑いのようなものが浮かんだ。

「あの人は孫たちの父親代わりでな……ピョウボンを捕るほどの男なのに都会嫌い

だった。バスには死ぬほど酔うのでね……。バスには乗っただけで目をまわしたりするんだもの。車はホランイ（虎）よりこわいとな……。だから息子の出稼ぎもホントは喜ばなかったんだ。息子は親たちにゃ黙って行ったんだもの」

「………」

「オラたちにゃ、山でとれるものが命と語っていたな……。孫のキュウシルが相撲《すもう》で勝つのを楽しみにな。孫たちが曲《ま》がらずに育ってくれれば、それ以上のことはないと……。オラもそれをずーっと守っているんだ」

豹とホンカップさんを探すわたしの旅は無駄ではなかった。吾道山の猟師は山の幸と家族を愛して、その晩年はわたしもあこがれるスローライフだったのか。

タクシーが来て、手を握り、惜しみながらスンニョンさんと別れた。

猟師夫人のスンニョンさん(76 歳)と筆者。

第五章　動物園の記録

子どもの豹だった

慶州《キョンジュ》をまわって夕方、ソウルの巨大な高速バスターミナルに帰った。ソウルは人口一千万の大都市になり、すさまじい車と人の波である。これが国家の求める経済成長なのか、金魚ならアップアップするほどの排気ガスで地方との格差はひろがるばかりだ。

そこでソウル大公園の動物園を訪ねた。ここは一九八四年に昌慶苑動物園を移したもので韓国最大の動物園だ。吾道山のチョウセンヒョウのことは呉（オ）チャンヨン部長（五十七）が知っているという。呉部長はカナダの動物園を視察してきたばかりという、胸にヘラジカのループタイをして心よく会ってくれた。部長は、わたしが現地調査したことを知ると、感心して豹の原簿を開いてみせた。

「あの豹はですな、一九六二年の二月二十日、ドラム缶から檻に移され、トラックでソウルの昌慶苑動物園に運ばれてきたとき、まだ一歳にならないオスでした。体重は一〇キロ程度のものです。ええっ、村人が四〇キロと言ったんですか？」

とんでもないと顔をしかめた。

「子どもの豹だから、生け捕ることができたんです。大人の豹なら人間なんか絶対に近づけない。ワナにかかっていても、とびつかれたら簡単に人は殺されます。前足の爪は鋭いナイフと同じで、切れ味は恐るべきものです」

「そうですか……そうでしたか」

「野生の豹はこの国では、虎と同じように猪や鹿、ノロジカ、キバノロを捕食しますが、虎よりずっと小型のものも食べたようです。アナグマや狸、ジャコウジカとかキエリテン、野兎やリス、キジ、エゾライチョウなども捕るので、虎よりも生き延びたのでしょう」

豹は待ち伏せして、近づく獲物をジャンプして捕えるという。木の上に隠れて通りかかる獲物を襲うこともある。

動物園では、一日に兎肉一キロ、鶏肉二キロを与えて、週に一回絶食させた。見事な成獣になったが、昌慶苑の檻《おり》はせまくて運動不足になった。

南北の緊張は続き、韓国の自然保護は後回しのままだった。しかし、一九六九年、ＩＵＣＮ（国際自然保護連合）はアジアの虎の激減を世界に訴え、それがきっかけで七〇年、インドの虎狩りが禁じられると、韓国でもようやく消えゆくものの価値に気がついた。

園ではこの豹の子孫を残そうとしたがメスの豹が見つからない。仕方なくインドヒョウのメスを動物商から購入して同居させると、うまく交尾して七二年九月十七日、二頭の子が生まれた。二頭ともメスだった。しかしどうしたことかそれきり、インドヒョウは妊娠しなかった。

吾道山の豹が発病したのは七三年八月十一日、暑いさなかに循環器障害《じゅんかんきしょうがい》を起こして寝たきりになった。

夏のことでハエがつき、弱った豹は尻尾でハエを追うことができない。体のあちこちにウジがわいてしまった。なんとかして助けたかったが危なくて手が出せない。同月十九日、夏の朝の四時三〇分、貴重なチョウセンヒョウは死んだ。飼育期間は十一年五ヶ月。

死亡時の体重は八十七キロ。太りすぎていた。毛皮が傷んで、残念ながらハクセイにはできない。骨格標本《こっかくひょうほん》にするほかなかった。体長九十八センチ、体高六十九センチ、胸囲九十五センチ。尾の長さは不明。担当者が記録していない。

チョウセンヒョウが死んでからは、混血《こんけつ》で生まれた豹にインドヒョウのオスを入れたが交尾しない。今は混血のメスだけが一頭残っている。

「そのメスには、チョウセンヒョウの特徴がよく出ていますよ」

呉部長は檻《おり》まで案内してくれた。インドヒョウとの混血児だが堂々たる体躯《たいく》の豹だ。あくびをして青白い牙を見せたが、とても生け捕りなんかできる大きさではない。

豹はまだいた

そこで呉部長は、驚くべきことを打ち明けた。

「吾道山の豹が届いて、たしか二、三年後のことです。裡里市《イリシ》のカソリック教会の牧師が、一頭の若いメスの豹を欲しくないかといってきました」

「狸里市とはどこですか?」

「全羅北道の西海岸、群山《クンサン》に近い大きな町ですよ」

狸里市は合併して今は益山市《イクサンシ》になっている。

「吾道山からは遠いですね。猟師がワナで捕獲したというんです。早速、職員を派遣《はけん》すると値段が問題でした。一旦決めた値段を、それじゃ安いと釣り上げてくるんです。

園では、吾道山の豹と番《つが》いにして子を生ませたい。無理をして値上げに応じると、関係者がまたまた釣り上げてくるんです」

そこも小白山脈の西端で山は深い。

「再度、職員を派遣すると、くだんの豹は、前足の片方が虎バサミにかかって、ちぎれかけていることがわかりました。高いお金を出して、死なれては無駄になると、市の上部にいわれて……、残念ながら買うのは断念したのです」

虎バサミは鋼鉄のワナで百年も前から使われている。動物の足をバチンと捕える残《ざん》酷《こく》な猟具だ。

「裡里市の豹の捕獲年月日と場所を教えてください」

お願いしたが、担当者は退職して記録はないという。裡里市の教会名も不明だった。

韓国の南端、木浦市《モッポシ》の小学校には一九〇七年、全羅南道《ジョンラナンド》の西海岸に近い仏甲山《プルカップサン》で捕獲された虎のハクセイが残っている。その虎が捕れた所から裡里市は二〇〇キロほど北のようだ。虎だけではなく、往時は豹もいたとみえる。しかし、わたしは資金不足で調べに行けなかった。裡里市に教会はたくさんあるという。

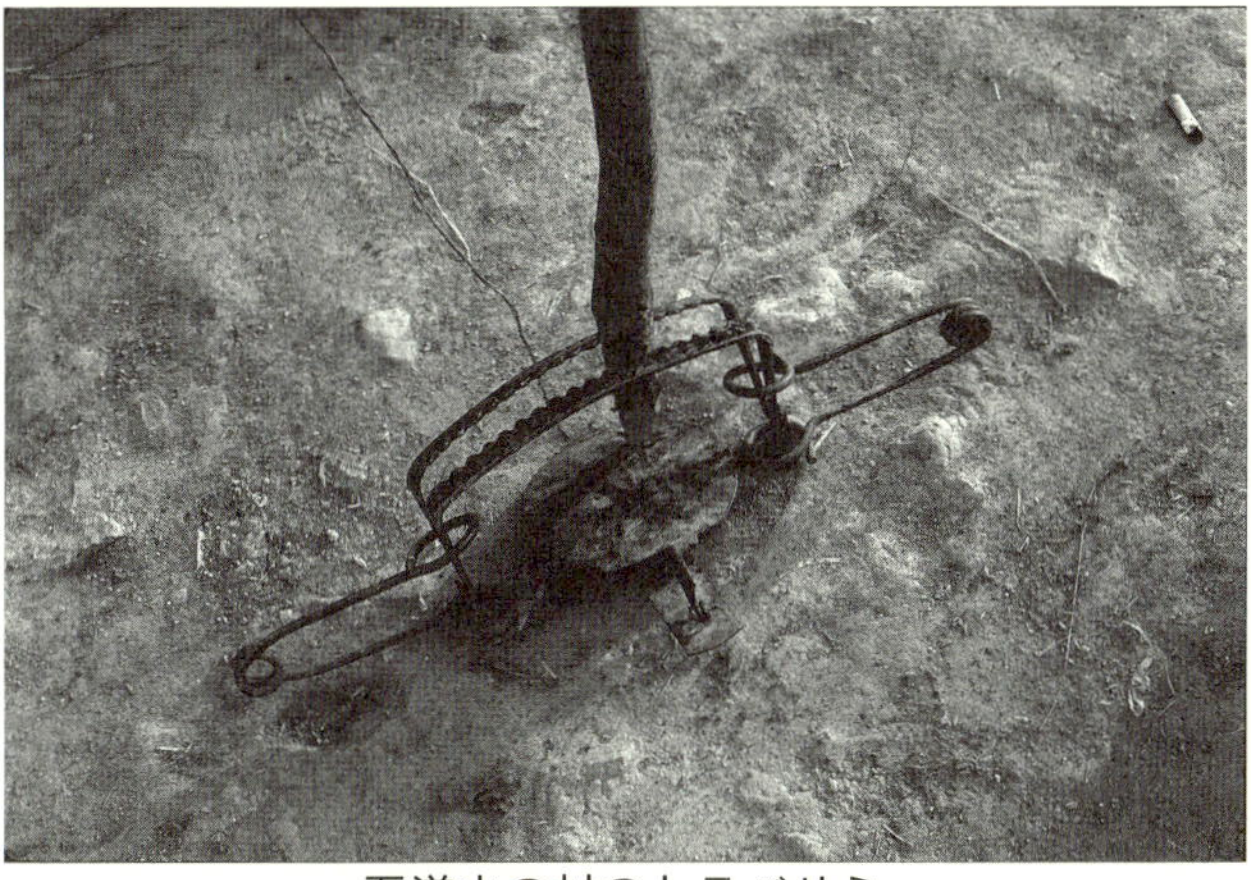

吾道山の村のトラバサミ

その豹も若いものだった。人間への警戒心が薄くて虎バサミにかかったのか。ともかく豹の繁殖した岩穴は、一九六〇年代まで韓国南部と西部にもあったのだ！

翌日、調査を助けてくれたウオン・ピョンオー教授を訪ねて、吾道山の報告をするとあきれた。

「レーダー基地があったんですか、軍の！　いやはや、よくまあ無事に調べたね、韓国語もろくに話せないのに」

だが、すぐ首をかしげた。

「しかし……今でも豹の子孫が残っていないかな？　小白《ソーペク》山脈は偉大ですよ」

ウオン教授にハッパをかけられて、わたしは忠清北道清州市《チュンチョンプクドチョンジュシ》のエミレ美術館を訪ねることにした。

第六章　虎の絵の美術館長

無邪気な虎の絵

エミレ美術館は虎の民画のコレクションで名高い。趙・子庸（ジョ・ジャヨン）という個人が一人で蒐集《しゅうしゅう》したものだ。もしやそこに虎や豹の手がかりがありはしないか。

清州市はソウルからバスで二時間、忠清北道の田園都市で人口は六十万、美術館は清州《チョンジュ》市郊外の広々とした芝生の中にあった。美術館や博物館などの教養施設はどこの国でも経営が困難なものだ。それが地方都市にあるとはすばらしい。受付はメガネをかけた年配の女性で、館内はどうしたことかがらんとして客もない。趙子庸《ジョジャヨン》館長が自ら出てきた。

エミレ美術館にて趙子庸館長

「これはこれは、ようこそ。日本からのお客さんは稀ですよ」

微笑みながらただ一人の客のガイドに立ってくれた。趙《ジョ》館長は一九二六年の寅年生《とらどし》まれで五十九歳、百九十センチもの長身で日本語は完璧《かんぺき》だった。子どものころ、厳しい日本語教育を受けたのだ。

広い館内に案内されて、まず壁に飾られた李朝時代《りちょうじだい》の虎の絵にあっけにとられた。道士《どうし》姿の山神さまを背に乗せた虎、仙人《せんにん》にかしずき犬のように従った虎。カササギとたわむれるもの。大酒に酔ったり、頭は豹で体は虎、その逆のもの、虎と豹が親子だったり、兄弟、夫婦であったりする。日本の江戸時代の襖《ふすま》絵の猛虎《もうこ》にあるような殺気はどこにもない。どの虎も、底抜けに無邪気《むじゃき》だ。

館長は、ゆったりと歩きながら説明する。

「韓国ではご承知の通り虎を国のシンボルとしています。だれもが虎を好きですよ。子どもたちは特にね。虎は百獣の王ですからな。まあ、今は悲しいことに韓国だけじゃなく、世界的に滅びかけていますけど……」

わたしは相づちを打った。

「韓の国では虎を山神、山霊、山君などとよびます。深山の山頂に小さな祠《ほこら》を建てて虎を祀《まつ》り、嶺《みね》を越える者は賽銭《さいせん》をあげ、地にひれ伏して礼拝する風習があります。虎は一種の鬼神で、摩訶不思議《まかふしぎ》な神通力《じんつうりき》をもつものとして、この国には崇拝《すうはい》する者が少なくありません。また、虎は山神《さんじん》さまのお使いだと信じる者もいます」

「すると、豹もそうですか？」

「そうです。豹も虎の仲間で、どちらもホランイと呼ばれます」

虎や豹と恋愛

「虎は孝子《こうし》を食わない、正直者を助けると信じて、村人の多くは尊敬していますよ」

あれっ、伽耶の部落ではそんなことをいう人はいなかった。虎や豹への信仰は、あの村ではほとんど消えていた。

「虎はまた、志の高い者を助けるとして、自分の守護神とする人もいますな」

館長自身がそうなのかもしれない。そう思わせるものが知的でさわやかな表情にあった。若いころは女性に騒がれたろう。白皙《はくせき》の男前である。

さて、どの絵にもどこか片隅にこの国を代表する野鳥のカササギが遊んでいる。隣の部屋で、兎の差し出すキセルをのんびりくわえている虎には笑ってしまった。兎は罪もない民衆で虎はこの国の支配者だという。虎の国の民画には風刺《ふうし》がこもっているのだ。

次にはピカソの作品を思わせる奇抜《きばつ》な虎があった。

「これは小学生だった娘のエミレが、古物店の片隅で見つけたものです。今はこの美術館を代表する名品となりました。韓国美術の重要な絵画として海外の評価も高いのです」

館長はいとしそうに見上げた。無銘《むめい》のものだが近代的な感覚のもので見とれた。エミレ美術館というのは、娘の名を記念につけたという。もしやその娘さんは……という問いをわたしはこらえた。

次ぎの部屋にまわると、薄い半紙に朱肉で写された虎の姿の版画があった。

「これは護符《ごふ》というお守りです。昔は、どこの旧家でも門の内側にこのような絵を貼りました。厄除《やくよ》けですな。今は少なくなりましたが、虎の絵を飾ることで家族への禍《わざわい》……天然痘《てんねんとう》などの伝染病や強盗など……悪いものが門の中に入らないようにと祈ったのです」

だれも顧《かえり》みなかった虎の絵に、趙子庸《ジョジャヨン》館長は光を当てた人として知られている。蒐集《しゅうしゅう》したコレクションを『韓虎の美術』として出版していた。ここでわたしは初

魔除けの護符　嘉會民画博物館にて

めて見たが、すばらしい本ですね、と褒《ほ》めると、

「わたしの一生は、虎や豹と恋愛をしてきたようなものですよ」

カラカラと笑った。そこでわたしは絶賛《ぜっさん》した。

「この美術館には、民族の心がこもっている、うーん、大したもんだ！」

すると、趙《ジョ》館長はわたしを中庭のあずまやに誘った。

「よかったら、韓の国の虎と山神さまの話を、少し聴いていきなさい」

あずまやは四畳半ほどの高床に四本柱が立って屋根が日差しをさえぎっている。韓国では、田園の一角にこうしたあずまやがよくある。喜んで座らせてもらった。暖かい日で日陰は気持ちがいい。館長は虎や豹の痕跡《こんせき》を探して、ひとり旅する日本人に興味を持ったようだ。

「これまで調査する人もなかった虎と豹の最後を探るなんて……もう手遅れなのに。ふーむ、わたしと同じ、風変わりな日本人ですな。それでセンセイの年齢は？ほほう、わたしの弟のようなものですな」

笑みを浮かべて語り始めた。

シャーマニズムの世界

「韓の国には神と人とを媒介《ばいかい》するムーダンと呼ばれる巫女（ミコ）がいます。まあ、吉凶の占いや悪霊祓《あくれいばら》いなどをするシャーマンです。日本にも青森県の恐山にイタコという巫女がおりましょう。死者の霊《れい》をあの世から呼び寄せるのですな」

館長は日本の事情もよく知っている。

「韓の国の田舎では、野外に祭壇をつくり、ムーダンを頼んで虎の化身《けしん》の山神さまに祈りを捧げることがあります。不幸がつづく家の悪魔祓《あくまばら》いとか、難病を治してほしい、男の子を授けてほしいとかの願いをですな、ムーダンに託《たく》すのです」

館長は遠い目をして少年の日を語る。

「わたしの故郷は北朝鮮で西海岸の黄海《こうかい》を望む片田舎です。そこでアボジが日照りの村に雨乞いをしたことがありました。大きな豚の頭や餅、果物を供物にし、マッコリ

丘に現われた虎　趙子庸館長提供

という白い地酒《じざけ》を捧げて……。十数人の村の男たちもあたりに座りましたな」

趙《ジョ》館長は祭壇《さいだん》の様子を両手で描いて見せた。

「日没から始まって、白衣姿のムーダンは祭壇にひれ伏して祈り、マッコリを飲んで神がかりになります。弟子が打つドラの音を合図に、太鼓《たいこ》とチャングという鉦《かね》が響き、村人たちが一斉に手拍子を打つとムーダンはそうろうと立ち上がり、鬼神《きじん》のように髪をふりみだして……。全身全霊を捧げて踊り、ひれ伏しては祈ります。月明かりの中でですな」

趙《ジョ》館長は長い両手を、ムーダンの踊りのようにひるがえしてみせた。それから聴いたこともないリズムで手拍子を打った。

「アーヤーマーマー、イエーイエーヨーヨーとうたいながら、ムーダンは天と地の神霊を呼び寄せて、踊りながら自らの身体に憑依《ひょうい》させます。憑依とはこう書きますよ。神がのり移るということですな」

館長はメモ帳に難しい漢字をすらすら書いた。

「すると、城跡の丘に大きな虎が現れて座り、光る目をしてムーダンの踊りを、じいーっと見ていることがあるといいます」

たちまち、わたしはシャーマニズムの世界に引き込まれた。

「アボジが、懐《ふところ》に抱いた幼い息子に、子守歌みたいに何度も語りましたな」

なんという豊かな虎との交歓《こうかん》を、この民族は伝えてきたことか！

「そのとき三日三晩、眠らずに祈ったり踊ったムーダンが、東にそびえるフェボン山（八七九メートル）に黒雲を呼びよせ、からからに乾いていた黄海道の村に沛然《はいぜん》たる雨を降らせたんです。天空が張り裂けるような雷鳴をとどろかせましたな」

「…………」

「それで百姓たちは田植えができたんです。修行《しゅぎょう》を積んだ偉大なムーダンは、虎の化身の山神さまを目覚めさせて劇的に願いを叶えるんです。お分かりですか？」

趙《ジョ》館長は、憐《あわ》れむような笑顔を向けた。

わたしの理解が不十分とみると、

「韓の国では、宇宙に存在するもっとも根源的なものを「気《き》」と呼びます」

館長はゆったりと重ねた。

「気は、天と地の間に満ちたり消えたりするといわれます。よく「気力」といいますが、これは人間が持っている「気」のことで、高まることもあれば、しぼむこともありましょう」

「…………」

「偉大なムーダンはとてつもない気力を持っていて、真夜中に打つ太鼓とドラとチャングの中で霊感《れいかん》をつかみます。踊りが高揚《こうよう》し、雲間からのぞく月が妖しい世界を写しだすと、手拍子を打つ誰も彼もが酔ったようになります。壮絶なものですよ。そこでムーダンは宇宙の気を一気に引き寄せて、山神さまに願いを託すのです。……あのトランス状態は……」

「トランス状態ですって？」

「恍惚《こうこつ》として、……幻覚《げんかく》や、催眠《さいみん》をもよおすような状態ですかな……わしもうまく説明できないな……日本語では」

うーんと館長は首を振った。

「まあ、今の軍事政権はムーダンを詐欺師《さぎし》と弾圧《だんあつ》しました。低俗《ていぞく》なムーダンが、もっとお金を積めと言ったりするからですよ。そこで伝統的なムーダンは超自然現象を信じる全羅南道《ジョルラナンドウ》にしか残っていません。珍島《チンド》などにですな」

館長は南のほうを指した。

「北朝鮮でもとうに消えたでしょう」

しぶい顔をしてしかめた。そこで、

「金日成《キムイルソン》はロシア革命を真似て宗教やシャーマニズムを否定し、巨大な自分の像を立てて金色に塗って崇拝させていますな。希代《きだい》の詐欺師《さぎし》というのでしょう」

と目をむいた。

しかし、頭を振り、そのころを思い出したのかクックックッと笑った。

「幼いころはムーダンはともかく、祭壇の大きな豚の頭ばかり見ていたものですよ。

……食べたくってね」

豚の頭はこってりと醤油《しょうゆ》で煮てある。ムーダンの祈りが終われば、みんなでナイフで刻んで食べる。とがった耳も鼻も残らずだ。大きな耳なんかこりこりして、子どもたちは大好きだ。

受付にいた品のいい女性が白磁《はくじ》のカップにコーヒーを運んできた。

「ワイフですよ。北朝鮮出身のジョシンゾクです」

踊るムーダン（巫女《ミコ》）

「えっ？　ジョシンゾクなんて一体？」

「ほら、ウスリーから満州にいた民族ですよ」

「ああ、昔、中国東北部から朝鮮北部を支配した女真族ですか」

「そうそう、女でもさっそうと馬を走らせ……弓矢で虎や鹿を射止めた狩猟民族ですな。この人は北朝鮮は咸鏡北道《ハムギョンペクド》の青丹の生まれで、先祖は女真族の名のある首（かしら）です」

色白の夫人は、ふくみ笑いをしてコーヒーをすすめた。

「女真族は不屈不撓《フクツフトウ》の精神を持っていますよ。こうと志を立てたらけっしてあきらめません。ワイフはまさにそれです。わたしが今日あるのは、みな、山神さまとこの人のお陰ですよ、昼も夜も頭があがりません」

「さあ、どうでしょう」

夫人の眼差しには夫を温かく見守るものがある。

「ま、どうぞごゆっくり」

上手な日本語で立って行った。

日本の敗戦

趙子庸《ジョジャヨン》は、北朝鮮の黄海南道高井面《ホンヘナムドコウイメン》（村）浄水里（チョンスンリ）で漢方医のひとり息子として生まれた。

浄水里は平壌（今はピョンヤン）から南に汽車で一時間ほどの田舎で、西は黄海まではろばろと平野がひろがり、東にそびえるフェボン山や五峰山までなだらかな丘陵がつづく。高句麗《コウクリ》時代の古い城跡があって、城門の横には村の守護神である天下大将軍のきざまれた古い柱が、四、五本、もう信心する人もなく朽ちかけていた。

アボジの家は城跡の松林を背にした先祖代々の旧家で、大きな田畑を持つ地主だった。子庸《ジャヨン》はひとり息子だったが、明るくて村人のだれからも愛された。するするすると仲間より頭ひとつ背が伸びて、倍率十一倍の難関《なんかん》、平壌師範学校に合格して日本語教育を受け、皇国臣民《こうこくしんみん》の少年に育った。当時はそれしか道がない。軍人になることはアボジが嫌った。

子庸は師範学校を出ると小学校教師になり、平壌平野の南浦《ナンポ》小学校に勤務した。南浦は海沿いで塩田《えんでん》がひろがり、遠浅の海では大きなボシチョゲ（ハマグリ）がごろごろとれた。日本は大東亜戦争をしていた時代で、生徒のほとんどは朝鮮人なのに校長と教員の半ばは日本人だった。毎朝日の丸の旗を掲揚して日本の必勝を祈り、東の方、日本の宮城を遥拝して一年生から日本語教育をした。

しかし一九四五年八月六日、米軍は一発の原子爆弾を落として広島を壊滅させた。するとも八月九日、ソ連軍は突如、朝鮮北部の清津《チョンジン》を空と海から攻撃してきた。清津は臨海重工業都市だったが、清津を防衛していた日本軍は負け戦になり、二十万もいた日本人は大混乱の中で避難し始めた。

八月十五日、大東亜戦争は聖戦で必ず勝つとうそぶいていた日本は、天皇の玉音放送であっけなく無条件降伏した。

「晴天の霹靂《へきれき》でしたな。しかし……、思うところがありました。それまでの日本教育が朝鮮のあれもこれも愚弄《ぐろう》して、ウソのかたまりでしたからな……。そうして、命じられるままにウソを教えていた自分が情けない」

日本人の先生方がみな腰が抜けたようにしているうちに、十九歳の趙子庸《ジョジャヨン》先生はただひとり校庭に生徒を集め、禁じられていた朝鮮語で、壇上から呼びかけた。

「先生は大日本帝国を神国だといって、天皇は雲の上におられる……大東亜戦争には必ず勝つ、いざとなれば神風が吹くと教えた」

ここで子庸《ジャヨン》は声がつまってしまった。

「み、み、みんなウソ、大、大ウソだった。……申し訳ない。先生は責任をとる。君たちは、これからは本当のことを……どうか本当に……学んでほしい」

壇を降りると地面に両手をついて子どもたちに謝った。頬を大粒の涙が伝わっていた。

すると子どもたちが黒山になって、

「趙《ジョ》先生、やめたらだめだめ、やめないで、趙《ジョ》先生やめないで！」

シャツのボタンがとび、袖が破れるほどすがって泣いた。趙子庸《ジョジャヨン》はスポーツ万能で、子どもたちの人気の的だった。だが、子庸《ジャヨン》は牛車に荷物を積んで三日目の夕方故郷に帰った。途中の村はお祭り騒ぎで、たくさんの人が路上で叫んでいた。

「日本出て行け、日本人帰れ！　日本帰れ、朝鮮マンセー、朝鮮マンセー！」

村ごとにあった日本神社は焼き打ちされていた。そこは足腰の不自由な老人や病人まで動員して「大日本帝国が戦争に勝つように」と毎月の参拝を強要していたから恨まれていた。村ごとにあった警察署も残らず村人に焼かれてぶすぶす煙をあげていた。

故郷では、アボジは庭先で村人たちと飲み疲れていた。大日本帝国が負けたお祝いで飲めや歌えの大騒ぎだったのだ。村人たちは地主の一人息子をもみくちゃにし、

「若先生、若先生が帰った！」

歓喜の輪は再び盛り上がった

七十八歳のアボジは、黒いシルクハットみたいな馬の尾で編んだ高麗《コウリャン》の国の帽子をかぶり、もろ手をあげて息子を迎え晴れ晴れとして叫んだ。

「三十六年間の日帝支配はついに終わった！　なんたる喜びか！　これから朝鮮は昔のように独立するぞ。独立！」

すると村人も「独立だよ、独立するんだわ！」と沸き、アボジは重ねて叫んだ。

「お前は漢方医《かんぽうい》として、わしのあとをついでくれや！」

「いいですよ、アボジの助手でもなんでもします」

子庸《ジャヨン》の笑顔も輝いていた。古里で病める人に尽くす人生もいい。オモニもこぼれるような笑顔で、子庸《ジャヨン》が好きな緑豆《ノクト》のチヂミをあとからあとから焼いて食べさせた。チヂミは朝鮮料理のパンケーキだ。

ソ連軍が攻めて来た

しかし、数日後だ。故郷の黄海道《ホンヘドウ》にもソ連軍の巨大な戦車が何台もやってきた。ゴーゴーと地響きをさせて、日本軍の戦車の数倍の大きさを見せびらかし、後ろに毛むくじゃらな兵隊が自動小銃を抱えてついて来る。赤旗を立ててスターリンの肖像

をかざし、朝鮮を日本から解放するという。村人は年寄りから子どもまで、

「マンセー（万歳）！　マンセー！　ソ連だよ、ソ連軍だ！」

手を振って大歓迎した。しかし、子庸《ジャヨン》は不気味なものを感じた。

「おれたちの国に、なんで……ソ連軍がやって来るんだ？」

アボジも、ソ連軍を赤軍と呼んで嫌った。

「赤軍は馬賊《ばぞく》と同じだぞ。革命だなんて、奴らはドロボーで食ってるんだ」

案の定、腕や胸に入れ墨をしたソ連兵には、暗くなると家に押し入って金目のものを奪う者がいた。先発隊は命知らずの囚人兵とかで、抵抗する者には自動小銃を乱射し、若い女にも手をかけた。そこで村人は、一転してソ連兵を警戒した。

しかし、住民にはソ連軍について勝手に保安隊と名乗り、警察官の真似ごとをするものが現れた。やがて朝鮮は独立できずに、北緯三十八度線のあたりで二分されてアメリカとソビエトに統治されると聞こえてきた。子庸《ジャヨン》は落胆した。

「なぜなんだ一体？」

各地にソ連軍の後押しで革命委員会なるものが出現すると、これまで日本へ協力していたものを探しだし、制裁《せいさい》を加える事件が頻発《ひんぱつ》するようになった。朝鮮人で巡査をして威張っていたものは真っ先だった。裸にむいて縛り、腹ばいにさせると、

「この野郎、日帝の手先をしやがって！これでもくらえ！」

背中を牛皮のベルトで力いっぱい鞭打《むちう》つ。三発も打たれれば元巡査は「アイゴ！」と叫んで悶絶《もんぜつ》する。

さすがに子庸《ジャヨン》もわが身を心配していると、夕方、息せき切って知らせるものがいた。

「町、町ではソ連軍の青い車がね、役、役所に勤めていたものを逮捕していますよ。なんでも、シ、シ、シベリア送りだそうです」

「アイゴ、シベリアで何をさせるんだ？」

「強制労働をさせるそうですよ……罪、罪人として」

「なんで朝鮮人が罪人になるんだ？　ここはスターリンの属国《ぞっこく》でもないのに」

文句をいってみたが不安はつのる。子庸《ジャヨン》は先日まで日の丸の旗振りをしていた。ア

ボジは鋭いカンの持ち主だった。曲がった腰で立ち上がり、

「これは、運命が暗転《あんてん》するかも知れんぞ」

動揺する息子に決断をくだした。

「お前はしばらくの間、三十八度線を越えて避難するんだ！　南へ逃げろ！」

故郷を捨てる

子庸《ジャヨン》は普段はアボジに従って反発なんかしたことがない。しかし、顔色を変えた。

「ど、どうして、逃げなきゃならないの？」

故郷の村は静かで、田んぼの上を無数の赤トンボが高く低く飛んでいる。

「赤軍は日本軍より危険だ」

アボジは断定した。

「ロシア革命を振り返って見ろ。極東《きょくとう》の沿海州《えんかいしゅう》にいた朝鮮人はひどい目にあったんだ。おとなしく農業をしてたのに、一家皆殺しにされたり、中央アジアの奥地へ食べ物も

なしに追放されたりして」

「ボ、ボクは……ロシアにはなんにも悪いことをしていない」

「そんなことを言ったって、赤軍は聴く耳を持たないぞ」

オモニはおろおろして子庸《ジャヨン》のそばを離れない。

「逃げるなんてアイゴー、村のサダン（祠堂）で占ってもらってからにして！」

吉凶《きっきょう》の占いなんて、供物《くもつ》を上げて半日はかかる。アボジは頬髭《ほおひげ》をふるわせた。

「そんなことをしてる暇があるか、赤軍が、子庸《ジャヨン》を逮捕！と来たらどうするッ」

「アボジたちは、ど、どうするの？」

「親たちはいい、お前こそシベリアに送られたら終わりだぞ。すぐ南へ発て！」

アボジは二、三ヶ月食べていけるお金を持たせた。

「いよいよの時は、山神さまが助けるからな、急げッ」

居間の掛け軸《じく》の絵にすがりつくような目を向けた。そこには豹の化身《けしん》の山神さまが、槍《やり》をふるって躍っていた。振りかかる災難を払うという。

子庸《ジャヨン》はアボジにせきたてられて外へ出た。

オモニは、

「危ないことは……しないでね。アイグー、親たちには、お前だけが杖《つえ》……杖なんだよ」

涙声でくりかえした。

「……わかってる」

それだけで、親の手もにぎらずに別れた。

鉄道の通っている黒《コッ》橋里《キョウリ》の駅に出てみると、

豹の化身の山神さま

平壌《ピョンヤン》からの汽車は不定期になり、たくさんの日本人が歩いて引揚げて行く。白衣を着た朝鮮人の中にも荷物を背に足早に行くものがいる。

「逃げたくないな」

子庸《ジャヨン》は何度も故郷の村を振り返った。

朝鮮湾に向って見渡すかぎりの田んぼに稲穂がのびて、この秋はうれしいことに豊作になりそうだ。その向こうに、大きな夕陽が大陸の山東半島《さんとうはんとう》の空を赤々と染めて落ちてゆく。幼友達と一日中小魚やカニを取って遊んだなつかしい風景だった。まさか二度と帰れないとは思いもしない。

避難民の中には語る人がいた。

「寒くなればソ連兵はいなくなるのさ。それまでの辛抱《しんぼう》よ」

「そうさな」

子庸《ジャヨン》もそれを信じて、疲れれば路傍《ろぼう》の石に腰をおろし、オモニが持たせた、むしたカボチャの葉に包んだ麦ご飯をおいしく食べた。味噌をつけて葉っぱごと食べるのが古里の習わしだ。月夜で夜通し歩いたが三十八度線まで百キロほどだったろう。

翌日、三十八度線の開城《ケーソン》まで来た。ここまでがソ連軍の支配下だという。やれやれと思いながら街への城門をくぐると、大柄でけものじみた一団がうごめいていた。なんだ？

「ソ、ソ連兵か、こりゃ大変！」

ハッとしたがもう遅い。

ソ連兵は茶色に汚れた上着から胸毛をのぞかせ、通りがかる者を止めて所持品を調べている。写真や地図は軍事機密で没収という。そこで子庸《ジャヨン》はソ連兵に左右

西海岸の 38 度線付近

から腕をつかまれ、いきなり腕時計と胸ポケットの万年筆をむしり取られた。

「なんで、なんで時計と万年筆が、軍事機密なんだ?」

わめくと、喉にぐぐっと自動小銃の銃口を突き立てられた。

くぼんだ目をしたソ連兵は引金に手をかけて、ムッとくる悪臭を放っている。あたりの仲間は肩をいからしニタニタしている。止める者なぞ一人もいない。子庸《ジャヨン》はゾッとして抵抗をやめた。

北朝鮮の男は採用しない

「ロシアにゃ、腕時計とか万年筆がないのか、なんという国だ!」

悪態をつきながら三十八度線を越えると、そこは米軍の支配下で穏《おだ》やかだった。

先ずはホッとした子庸《ジャヨン》は、しばらく歩いて海沿いの町の小学校を訪ねてみた。この間まで日本語の号令《ごうれい》が響いていた校庭には、朝鮮語で呼び交わし、走ったり笑ったりする子どもたちがいた。子庸《ジャヨン》はじっと耳を傾けた。

「母国語《ぼこくご》を自由に使えるとは、なんとうれしいことか」

腹の底から喜びがわいてきた。

さて、どこでも日本人教師を追放して、教師が不足しているという。簡単に採用されるだろうと子庸《ジャヨン》は楽観していた。玄関に入ると、教頭先生がくわえタバコで出てきた。

「ほうほう、それじゃ教員免許状を出してみなさい。なに、忘れてきたって？　そりゃ君……、師範《しはん》学校の免許状がなけりゃ採用はできないぜ。家にもどって免許状を持ってくるんだな」

「アイゴ、教員免状の紙切れがそんなに大事なのか」

子庸《ジャヨン》は唇を噛んだ。あわただしく家を出て持ってこなかったのだ。

そこで次の学校では腰を低くして頼んでみた。

「臨時でいいから、採用してくれませんか」

教頭先生は、シャツ一枚の子庸《ジャヨン》をじろじろ見た。

「役場で、スパイとかニセモノがいるから気をつけろというんでね。身元保証人を連れてくるか、前の学校に勤務した証明書を持ってきなさい」

門前払いだった。もう一度故郷へは三十八度線のソ連兵が危なくてもどれない。次の町までてくてく歩いて、山手の小さな学校へ行くと、もっと冷たかった。

「なになに、故郷を逃げて来たのか。北朝鮮の教員は採用できません。何を教えるかわからんでしょう」

「いいえ、ま、まじめに教えますよ」

「赤旗を振ってレーニンとか、スターリンでも宣伝されたら、学校はメチャメチャになるんでね」

子庸《ジャヨン》はすごすご校門を後にした。南の学校に勤めるというもくろみはあっけなく破れた。

「ソウルの街なら、なんとかなるんじゃないか」

安宿に泊まり三日目の朝、もう少しでソウルの街という橋のたもとで、子庸《ジャヨン》は保安隊という赤い腕章を巻いた朝鮮のやくざな者たちに囲まれた。

「てめえはイルボンサラム（日本人）だな、金を出せ！」

「違う違う、オレは朝鮮人だ！　本物だ！」

なんども叫んだが、力ずくで所持金とセーターを奪われた。ソロバン一丁だけを、

「これだけは勘弁《かんべん》してくれっ」

つかみあいをして取りかえした。クルミの油を引いてよく手入れした大事なソロバンだった。就職《しゅうしょく》するとしたら身を助ける。

その時ソウルは、住んでいた十七万もの日本人が引き揚げることになり、そこにアメリカ兵の大部隊が到着して騒然としていた。

子庸《ジャヨン》は一文無しになってソウルには頼りになる親類もない。絶望の中でただひとり、平壌師範学校時代の恩師、日本人の柴田次郎先生の顔が浮かんだ。

第七章　虎や豹は大いなる守護神

日本人の恩師

子庸《ジャヨン》は師範学校で柴田先生に可愛がられた。ソロバンを仕込まれて全道大会で優勝したことがある。柴田先生は、子庸《ジャヨン》たちの味方をしてくれた。学校長は陸軍士官学校を受験しろとせめるのに、軍人になることだけが道じゃないと親身にかばってくれた。軍人なぞになったら、いまごろ南の島で玉砕《ぎょくさい》していたかもしれない。

その柴田先生は京城師範学校に転勤していた。そこで年賀状の住所を頼りにソウルの南大門の街裏を訪ねてゆくと、柴田先生はなんとリュックを背負って玄関に立っていた。隣組の人たちとまさに日本へ出発するところだ。先生は、

「おおっ、子庸《ジャヨン》君じゃないか……これはこれは、まさに奇遇《きぐう》！」

狂喜したが、子庸《ジャヨン》が財布を盗られたと知ると天を仰いだ。

「すまない、君に上げるものはなんにもない！」

先生の顔はくしゃくしゃになった。懐中《かいちゅう》には引揚者に許された百円札一枚しかないという。それでも、

「待て待て、このバンドをやろう。これを道端で売りなさい。今日明日の小遣いにはきっとなる」

やせた恩師は、はいていたズボンから真新しい革《かわ》バンドを抜いて教え子に与えた。自分には紐があるという。それから物置から石鹸のできる苛性《かせい》ソーダの入った一升瓶を三本渡して、これも売れるという。

「子庸《ジャヨン》君、生まれかわる朝鮮のために尽すんだ、君ならきっとなんでもできる。……夢を抱いてな。……がんばれよ。……体をくれぐれも大事にな」

と何度も振り返りながら別れて行った。

ソウルの南大門

子庸《ジャヨン》はそれらを押し頂いて恩師を見送ると、ソウル中心街の南大門《ナンデムン》近くの雑踏《ざっとう》に立った。

そこには進駐したばかりの米軍がうろうろしていて、さまざまな肌色の兵隊が行き交う。日本は鬼畜米英《きちくべいえい》と教えたのに、その兵隊たちは清潔で朗らかだ。きちんとネクタイを結んでロシア兵のような不気味さはどこにもない。その兵隊に子どもたちが無《む》邪気《じゃき》に叫ぶ。

「ギイブミー、チョコレート、ギイブミー（頂戴《ちょうだい》）！」

すると背の高い兵隊たちは、気前よくチュウインガムやチョコレートをばらまいた。黒人兵もタップダンスをしてみせたりしてユーモラスだ。

オモニの面影

南大門の道端には数百メートルにわたって引き揚げる日本人が、さまざまなものを投げ売りしていた。

帰国で処分したいタンスや机、布団から衣類や花嫁衣裳《はなよめいしょう》、鍋釜から米袋、味噌樽《みそだる》などが積まれて黒山の人だかりだった。子庸《ジャヨン》の隣には、ガラスケース入りの人形を持って日本人の母と子がいた。しかし、人形になど見向きする人もない。親子はしょんぼりと立っていた。

待つほどもなく、革バンドと苛性ソーダに買い手がついて子庸《ジャヨン》は十円あまりを手にした。安宿になら五、六日は泊まれるだろう。その間に仕事を見つければいい。ホッとしてみると腹が鳴っていた。昨日からろくなものを食べていない。小銭で餅《もち》を三つ買い、食べようとすると、日本人の男の子がじっと見ている。子庸《ジャヨン》が母と子にひとつずつ分けると、母親は餅を押し頂いた。朝から水しか飲んでいないという。

子庸《ジャヨン》が餅を食べながらのぞくと、ガラスケースには三〇センチほどの日本の汐汲《しおく》み人形が入っている。やつれた顔の母親は、その人形をケースごと差し出した。

「お兄さん、すまないけど、お人形を買ってくれない？　これは百円以上もする芸術品なんだけど、十円におまけします。ね、わたしたち親子を助けて……」

子庸《ジャヨン》は、口の中の餅をもぐもぐしながら、

「ああ、いいよ」

ポケットの十円札を人形と取り替えた。困っている人を、だまって見ていられないのはアボジゆずりだ。すると、日本人の親子はうれしそうに行ってしまった。

それから子庸《ジャヨン》は石垣に腰をおろして、紫の振袖《ふりそで》を着た人形を長いこと見ていた。肩の天びんから両側に汐汲《しおく》みの桶《おけ》をさげている、細やかな作りは時を忘れさせる美しいものだ。しかし、いま子庸《ジャヨン》に必要なものはなんだろう。

「なんで人形なんかにアイゴ……、トラの子の十円をはたいたんだ」

若者は次第に青ざめていった。

金冠をかむった人形の白い顔はどこかオモニを思わせた。それが子庸《ジャヨン》に買わせたのか。

オモニはすらりと背が高くてアボジとは二十七も歳が離れていた。彼女は隣村のやはり地主の娘だったが、草木染めの技術を身につけていた。アボジはそれをめでて、オモニの父親とも古くからの知り合いだった。しかし、オモニの父が親友の連帯保証人《れんたいほしょうにん》になったことから破産して、彼女はキーセン（妓生）の苦界に身売りされることになった。

泣いて身支度をしていると、子庸《ジャヨン》のアボジが急を知って駆けつけた。アボジは何もいわずに、オモニのためにすべての借金を肩代わりしてくれた。

それからオモニは命の恩人を慕《した》って、やもめ暮らしだったアボジの家事手伝いに通うようになり、やがて結ばれた。アボジは気立てのやさしいオモニを溺愛した。やがてオモニが、サネアイ（男の子）を持つと一層オモニを大事にした。

「お前はわが家の跡継ぎを生んでくれた。これは山神さまのくれた奇跡《きせき》というもんだ。いつまでもきれいでいてくれ」

オモニは長い黒髪を丸く束ねていた。ひとり息子が発つときは、自分で染めたわらび色に白い水玉の浮いたチョゴリを着て、いつまでも裏門に立って見送っていた。

日本人形を見ていると、しょんぼりと胸を抱くオモニの姿が浮かぶ。

「朝な夕な山神さまに……お前の無事を……祈っているからね」

切れ切れの泣き声が耳に焼きついている。

どん底の中で

どっしりとそそり立つ南大門は李朝時代《りちょうじだい》の遺蹟《いせき》で五百年もたつという。瓦屋根に初秋の陽がキラキラと輝いていた。

「アイゴ……これから、どうしよう」

子庸《ジャヨン》には生まれて初めてのどん底だった。日本人の親子を助けたはいいが食べるものもない。道端の水道の蛇口《じゃぐち》から水ばかり飲んでいた。

「とにかく、美術品を売ることだ」

子庸《ジャヨン》は、ガラスケースの人形を胸に抱えて道端に立った。しかし、客はつかずに日が暮れてしまった。疲れ果てた子庸《ジャヨン》は石垣の上に丸くなって眠った。故郷に帰ればいいのだが、青鬼のようなソ連兵を思うと足が動かない。スラブ民族のゴロツキだろうか、あんな不気味な人間がロシアにいるとは初めて知った。危うく射殺されたのだ。

朝、九月初めのソウルはもう吐く息は白い。

シャツ一枚にジャンパーで震えながら、道端で焚き火をするヤミ屋に混じって温まった。日が昇って子庸《ジャヨン》はまた道端に立った。だが、日本人形になぞ立ち止まる人もない。

今は、逃げろと命じたアボジが恨めしい。アボジは山神さまが助けるといったが、子庸《ジャヨン》は本気で信じてはいなかった。しかし、困ったときは誰でも神頼みだ。十九歳の若者は、

「助けてください、山神《さんじん》さま……これをどうにかして」

つぶやきながら、道行く人に人形をかざしていた。

しかし、雑踏《ざっとう》の中で人形の値段を聞く人もない。時折、女の子がのぞいていくだけだ。

子庸《ジャヨン》は力をなくして、そのまま石垣に崩折《くずお》れていた。何時間たったろう、ふと目を

あけると目の前にジープが一台止まっている。そこで運転席の大柄な米兵の緑色の目とあった。

「もしかして……」

人形を抱いてよろよろとそばへ行った。トビ色の口髭をきれいにそろえた米兵だった。

それからは南大門のほとりで、どうしてそうなったのか……はっきりしない。子庸《ジャヨン》は、見えないものに押されるように人形を差し出していた。

「これを……どうぞ。プ、プレゼントします」

と言ったようだ。

子庸《ジャヨン》は平壌師範学校で一年だけ英語を習っていた。ボーイズ・ビイ・アンビシャス（少年よ大志を抱け）は、柴田先生の口ぐせだった。そこで働く身振りでもちかけた。

「米……米軍キャンプに仕事はないか。……ボーイズ・ビイ・アンビシャスだ」

米兵はきょとんとしたが、東洋の美しい人形をのぞくと顔色が変わった。ものも言わずにドアを開けてぐいと親指をしゃくった。子庸《ジャヨン》は人形を抱いて、吸われるようにジープにもぐり込んだ。そのままどこへ行くのかと心配していると、郊外の漢江《ハンガン》をぐるぐるまわって、着いた所は龍山《ロンザン》の米軍キャンプだった。

そこには、先日まで大日本帝国陸軍第二十師団の大部隊が駐屯《ちゅうとん》していた。レンガ造り総二階建ての豪勢《ごうせい》な兵舎があって、広大な練兵場《れんぺいじょう》には日本軍の残した戦車や装甲車《そうこうしゃ》が何十台も並び、進駐したばかりの米軍でごったがえしていた。そこで炊事場に連れて行かれると汚れた皿が山のように積まれていた。米兵は指さした。

「ユーは、……か？」

子庸《ジャヨン》は洗うのだと分かって腕をまくり、気力をふるって流しに立った。

夕方まで懸命に働いて数百枚の皿を積みあげ、まわりの拭き掃除もすると、働きぶりを見ていたコック長が、パンとミルクとソーセージを出してたっぷり食べさせた。ようやく満腹してほっとすると、くだんの米兵が笑顔で出てきた。人形に十円札を五枚も出して、明日からここで働けとジェスチュアする。米兵は将校で、なんと食堂の

日本の汐汲み人形

キャプテンだった！

子庸《ジャヨン》は夢心地で何度もうなずいた。うれしくて声が出なかったのだ。

そこで十円札を一枚出して、兵舎の門前の宿屋の一部屋に住み込むことができた。

師団の門前には日本兵に面会に来る家族が、泊まるための宿屋が何十軒も空いていた。

虎は民族の魂

とてつもない運をつかんだ……

子庸《ジャヨン》は部屋に大の字になりぼおっとして目をつむった。

汐汲み人形の愛らしい顔にオモニが浮かび、最敬礼して喜んだ日本人の親子に柴田先生の顔も揺れる。

「危うく……野垂《のた》れ死にするところだった」

つぶやいてハッと我に返った。

「あれもこれも、大いなる虎の化身……山神さまのお蔭ではなかったか？」

子庸《ジャヨン》の耳に、息子を思うアボジの声がよみがえってきた。

「偉大な虎は民族の魂だぞ……いいか、お前は虎が守護神であることを忘れるな」

子庸《ジャヨン》はむっくり起きて故郷の方へ膝まづき、床に両手両肘《りょうてりょうひじ》をついてひれ伏した。

「山神さまと……アボジのお蔭で助かりました。ご恩はけっして、けっして忘れませんし」

額を床にすりつける拝礼を、したこともないほど何度もした。

翌朝、子庸《ジャヨン》はすがすがしい気持ちで、道端の露店《ろてん》に並べた古本売りから日本語版の英語のコンサイスを一冊買った。その辞書をポケットに、米軍の食堂で働きながらヤンキーのコックや若い兵隊から英会話を学んだ。彼らの多くは気さくで、韓国青年のいい教師だった。

一ヶ月もすると子庸《ジャヨン》の語感《ごかん》は鋭く、キャンプ内の日常会話はほとんど困らなくなった。

そんなある日、皿洗いの子庸《ジャヨン》は食堂の買出しに動員《どういん》されて、愛用の日本ソロバンを小脇《こわき》にジープに乗った。市場で肉や野菜の購入を手伝うと、コック長は皿洗いのソロバンに驚嘆《きょうたん》した。米兵の会計より何倍も速くて正確だったのだ。それが評判になると、子庸《ジャヨン》は司令部に呼び出され、経理部《けいりぶ》の通訳に抜擢《ばってき》された。腕章をもらって週給は十倍になる。

ここまでエミレ美術館長の話に夢中になっていると、夫人が事務室の小窓を開けて閉館を知らせた。いつの間にかあずまやの日はかげっていた。それから夫人はわたしに理解できないなにかを告げた。すると趙《ジョ》館長はつぶやいた。

「あわれだな、今日はたった二人か」

入館者数らしい。地方都市で大きな美術館を経営するのは容易ではないのだろう。しかし、館長は日本人に無心《むしん》の笑みを浮かべた。

「今日はほんとうに楽しかった。日本語でこんなに話したのは……四十年ぶりかな。気持ちよく聴いてくれてありがとう」

そのことばで、わたしは博物館の門前街に泊まる決心をした。

見ず知らずの日本人に奇跡のような身の上を語ってくれる。北朝鮮生まれの彼は苛《か》酷《こく》な動乱に遭遇《そうぐう》してひとりぼっちになった。それからの運命をどのようにして切り開いたのだろう。これは礼を尽して聞くべきではないか。

館長に頼んで近くの韓式旅館を紹介してもらい、オンドルの部屋に館長を招待して、飲みながらそれからの人生を聴いた。館長の酒は静かで、杯を傾けるのに節度《せつど》があった。

アメリカへ留学

米軍キャンプから故郷に手紙を出すと、オモニから返事があった。

そのころはまだ、ほそぼそとだが南北の郵便物の交換ができた。侵攻したソ連軍は金日成《キムイルソン》を将軍とし、黄海道に革命委員会を組織して地主の土地をすべて没収した。

アボジは先祖代々の家も奪われ、ならずものを集めた路傍《ろぼう》の人民裁判で、親日派だったと首に縄をかけて引きずり回され、憤激《ふんげき》のあまり道端で生き絶えたという。

アボジはソ連軍に扇動《せんどう》されたならずものに殺されたのだ……アイゴー。子庸《ジャヨン》は運命の苛酷さに涙がかれるまで泣いた。アイゴー。

親日派《しんにちは》だなんて、世の中に従ったまでだ。日帝に反抗なぞしたら絶対に生きてはいけなかったろう。やがて北朝鮮では、総督府の出先の役所に勤めていたものや、朝鮮人で女教師だったものもソ連軍に逮捕されてシベリアに連行されたと伝わってきた。

「お前のことも、ソ連軍の青い車が二度も探しに来たよ」

オモニは書いてよこした。

それだけではない、工場の機械やさまざまな物資をスターリンへのお土産だとトラックに山積みしていったという。

「ソ連軍は、なんで朝鮮人をいじめるのか!」

激しい怒りがわいてきた。今は、自由世界へ逃がしてくれたアボジに感謝し、ひとり残ったオモニを心配した。やがてまたオモニから便りがあった。

「親しかった小作人《こさくにん》の家に世話になって、子庸《ジャヨン》が迎えに来る日を一日千秋の思いで待っている」

エンピツの字は哀れなことにふるえていた。

第二次世界大戦は終わったのに、米ソは世界の覇権《はけん》をめぐって鋭く対立するようになっていた。朝鮮半島を支配する南と北の政府もその影響で、折角通っていた鉄道はおろか郵便も止まってしまった。

オモニは貧しい農家の草ぶきの小屋の片隅に入れてもらって小さくなっているのだろう。暖房はあるのか心配でならないが、三十八度線は陸路も鉄路も軍隊が封鎖《ふうさ》して、超えようとする者は容赦なく射殺されるという。どうしても迎えに行くことができない。悶々《もんもん》として、北にそびえる北漢山《プガクサン》の空ばかり見ていた。

一年ほどたったある日、ひとりの将校が新聞を見ていて子庸《ジャヨン》に声をかけた。

「へーイ、韓国の青年を、アメリカのカレッジ（短大）へ留学させるという情報があるぜ」

「ええっ、アメリカに留学！」

子庸《ジャヨン》の心ははげしく動いた。通訳だけで終わりたくないと思っていた時だ。

韓国は李承晩が政権を握ったころで、彼はアメリカに長く暮したので、ことあるごとにアメリカのすばらしさを宣伝した。アメリカは自由と民主主義の国で、努力さえすれば何にでもなれるという。

そこで子庸《ジャヨン》もアメリカにあこがれていた。オモニを北朝鮮に残して行くのは申し訳ないが、これは人生の大きな転機かもしれない。

外務省を尋ねて留学のことを訊くと、金ソンヒという長官の若い女性秘書がいて、留学生を受け入れるアメリカのカレッジを紹介した。金秘書は親切で、

「試験に通れば、国から奨学金をもらえますよ」

と受験の手続きをしてくれた。

子庸《ジャヨン》は首尾よく奨学金試験に合格し、第一回韓米留学生五人の一人となって釜山港から船に乗った。留学するのだが、実は何を学んでいいか見当もつかなかった。バッ

グには四つ玉のソロバンと日本製の英語のコンサイスを一冊入れていた。

船室に荷物をおいて、二十歳の子庸《ジャヨン》はデッキの手すりにつかまって海を見ていた。玄界灘《げんかいなだ》は濃い藍色で白い波頭を立てて流れていた。アメリカにどんな人生が待っているのか。心細くてしょんぼりしていると、白いつば広の帽子をかぶった若い女性が、自信たっぷりにやってきた。見ると、長官秘書の金ソンヒではないか！

「やっ、あなたはどうして船に？」

「あたしは大学の英文科を出たけど、英会話の自信がなくてね。やり直しの勉強に留学するのよ」

「それはまあ……すごい」

「本当を言うとね、あんたの留学に刺激されたの」

香水の匂いを振りまいて、ころころ笑う。

もともと楽天的な子庸《ジャヨン》は、とたんに元気が出てソンヒに寄り添った。虎の守護神のお陰、地獄《じごく》で仏に会った心地がした。そこで子庸《ジャヨン》が、アメリカで何を学んだらいいか

と相談すると、

「これからは科学の時代よ、韓国は遅れているからねえ、工学部に入ったらどう？何を専攻するかは、大学で学びながら見つければいいの」

姉のようにアドバイスしてくれた。ふたりは十日間の船旅で仲良くなり、どちらからともなく、年に一度は会おうね、と指をからめて別れた。

結婚しよう

サンフランシスコに上陸して、子庸《ジャヨン》は整然とした大都市に息を飲んだ。

「アイゴ、これは大したもんだ！」

家は、故郷の草ぶきに泥壁に比べて、壮大な石造りが多い。河口にかかる橋は鉄筋製で大型トラックががんがん渡る巨大なものだ。

「そうか、アメリカの建築を学んでみよう」

子庸《ジャヨン》はソンヒのアドバイスに従って、テネシー市の工科短大に入った。

初めて受ける大学の講義は、教授の英語がわかるかと心配したがきれいに聴きとれてホッとした。やがて土木工学はサンフランシスコのベェンディビルド大学が専門と知り、編入試験《へんにゅうしけん》を受けて日本製の英語のコンサイスが、ぼろぼろになるまで勉強した。

金ソンヒはフロリダのステッセン大学英文科へ進んだ。ふたりは翌年約束通りに落ち合うと、久しぶりのウリマル（母国語）で思い切り語り合い、成績表を見せ合った。ソンヒは英文学を学んでいたがCが多くてBがちらほら混じっていた。そこで彼女は子庸《ジャヨン》の成績に驚嘆《きょうたん》した。

「なによこれは、アイグ……。ど、どうしたの一体？」

「まあ、こんなもんだ」

子庸《ジャヨン》は笑った。オールAだったのだ。

童顔でお人よしだけの青年に見えたが、これはただものではない。ソンヒはソウルの名門、梨花《イファ》女子大学英文科を出ていたが、子庸《ジャヨン》を見る目は驚きから深い尊敬に変わっていった。

更に一年後、子庸《ジャヨン》はマサチューセッツ州ケンブリッジ市にある世界的な名門、ハーバード大学の編入試験に合格して、橋梁《きょうりょう》やビルディングの設計を学んだ。

「設計士になって、祖国に大きな建物を造ってやろう」

目的がきまったのだ。ここでも得意の日本ソロバンが威力を発揮《はっき》し、土木工学につきものの複雑な計算は常に学部のトップだった。テストの難問にぶつかったとき、子《ジャ》庸《ヨン》は、心の中で守護神に頭を垂れた。するとなぜか落ち着いて好成績を得た。

そこでハーバード大学建築工学科の主任教授に、

「君はコリアンのエースだ、すばらしい！」

とほめられ、クラスメイトにも尊敬されたが、大いなる守護神のことは誰にも黙っていた。なぜって、先端科学の国でそんなものを信じているといったら、

「韓国人はクレージー（狂っている）」

笑われるのがオチだからだ。

そのころ母国には金日成が仕掛けた朝鮮戦争が起きていた。オモニはどうしている

か、音信は途絶《とだ》えたままだ。親不孝を詫びながら、子庸《ジャヨン》は懸命に設計を学んだ。

四年後の早朝、子庸《ジャヨン》のアパートのドアをノックする者がある。だれだろう、とドアを開けると、大学を卒業したばかりの金ソンヒではないか！

ソンヒはトランクを下げて立っていた。ソンヒの後ろからは朝日がさして、女の笑顔は逆光の中で輝いていた。彼女は子庸《ジャヨン》の両手をとり、年下の男を見上げると、やにわに長身の胸にとびこんで息をはずませた。

「大好きだわ、子庸《ジャヨン》！　結婚しよう、いいでしょ！」

子庸《ジャヨン》は、なんと返事をしたか覚えていない。気がつくと顎《あご》の下にソンヒの温かい体をしっかと抱きしめていた。

ソンヒは留学の道を開いてくれた。工学部へ進めとアドバイスしてくれた。大恩があるといっていい。改めて見ればなかなかの美形《びけい》だった。四歳年上だが、これほどの女がアメリカで懐《ふところ》に飛び込んでくるとは！

「これも天空にいる、山神さまのお恵みなのか？」

「そうよ、その通りよ、あなたの守護神を信じていいのよ！」

ソンヒは男の首に両腕をまわして朗らかに笑った。

アメリカンドリームの男

「それからのソンヒは、わたしが食べたかった母国のキムチを作り、米のご飯を炊いて食べさせました。それだけじゃなく、ときに山神そのものでしたな。わたしが迷ったときには、まるで北極星のように行く道を指したのです」

外務省の長官秘書だったソンヒは、帰国すれば再び役所に入れる人脈を持っていた。しかし、彼女は子庸《ジャヨン》に人生を賭けたのだ。彼女は働いて生活費を生み出し、奨学金の切れた子庸《ジャヨン》を支えた。

三年つづいた朝鮮戦争が休戦した翌年の一九五四年、子庸《ジャヨン》は八年間の留学を終え、建築・設計の国際的なライセンス（資格）をとってソンヒと帰国した。釜山港には六十歳のオモニがただひとり出迎えていた。九年ぶりの再会だった。

オモニは息子に抱かれてアイゴ、アイゴーと泣いた。

「アボジにひと目、立派になったお前を……見せたかった」

オモニはくり返した。子庸《ジャヨン》はアメリカのバイトで、建設現場の監督も経験して見違えるようにたくましくなっていた。

あの時、朝鮮戦争の最中に負け戦となった北朝鮮軍は、中国義勇軍の参戦で息を吹きかえし猛反撃を開始した。そこでピョンヤンを支配していた国連軍は敗走を始め、オモニは息子に会えるとばかり厳寒《げんかん》の十二月、大勢の避難民と一緒に国連軍について北朝鮮から凍えながら歩いてソウルにたどりついたという。彼女は子庸《ジャヨン》がいるはずの米軍キャンプを捜《さが》したが、そこは廃墟《はいきょ》となっていた。

それからオモニは絶望の中で、何日もかけて米軍司令部を尋ね、そこで息子の留学を知り、外務省でようやく留学先をつきとめると、太平洋を超えて航空便で連絡がついたのだ。どんなに苦労したのか、オモニの黒髪は真っ白になっていた。

子庸《ジャヨン》が帰国した時、ソウルの街は至る所に戦火の跡が残っていた。二十八歳の子庸《ジャヨン》は、韓国の復興に尽すことにした。休戦ラインで封鎖されて故郷に帰ることは不可能だったからだ。

彼は妻のソンヒの手づるで大きな借金をし、ソウルに設計事務所を開くことができた。それから韓米財団の百棟《ひゃくとう》のアパートを手はじめに、アメリカ大使館、ＹＭＣＡビル、釜山の救世軍《きゅうせいぐん》本部ビル、漢江にかかる橋などの大きな建造物を手がけるようになった。英語に強いことで国際的な仕事をとり、やがて事務職員だけで二十人も使う大建設会社を経営した。

「社長さん、社長さんと慕《した》われましたな。北朝鮮出身者が……ことあるごとに疎外《そがい》される時代に、まさにアメリカン・ドリームをつかんだ男として尊敬されたんです」

趙子庸《ジョジャヨン》館長は昔を思い出してひと息入れた。

奨学金をもらった恩返しに、情熱を傾けて仕事をし、鉄骨を担ぐのも若い者が顔負けする体力で、夜は青丘大学工学部で学生に設計の講義をして多くの若い技師を育てた。

「それでも、いつも満たされないものがありました。分断された北の故郷のためには、なにひとつできないのですから」

ふたりの娘の父親になり、長女はエミレと美しく名づけた。慶州の有名な梵鐘《ぼんしょう》の名からとったのだが洋風の響きもある。五歳下の次女はマーガレットと名づけた。つかのまの休息に、彼はエミレを連れてソウルの骨董品街《こっとうひんがい》を歩いた。子庸《ジャヨン》は亡父の影響で古いものに興味を持っていた。とある古物店で白磁《はくじ》や青磁《せいじ》の焼き物を眺めていると、小学生のエミレが片隅から、ほこりにまみれたポスターサイズの虎の絵を見つけてささやいた。

「パパ、買ってちょうだい、ピカソが描いたみたい！」

なるほど、見たこともない奇抜なデザインで片隅にカササギがいる。サインはないが李朝時代のものだ。子庸《ジャヨン》はそれを安い値段で手に入れた。家に帰って額に入れて飾ってみるとエミレは大喜びだ。くるくる踊りながらすばらしいを連発する。

無心なエミレが、父親に韓《から》の国の民画のすばらしさを気づかせたのだ。

しかし、天使のようなエミレに悲劇がおとずれる。十二歳の誕生日直前に心臓発作《しんぞうほっさ》をおこして死んでしまう。

「実際、幸運の背後には思いもかけない禍《わざわい》がひそんでいるのです。天命とはそういうものでしょうか……」

彼はしばしば目をつむって慟哭《どうこく》した。

禍は因果《いんが》なことにつづくことがある。館長は重なる暗転を打ち明けた。

一九七四年の夏、子庸《ジャヨン》は四十八歳で妻のソンヒとニューヨークへ行き、大きな設計とりに成功した。帰路、ハワイに寄ったが、ホノルル空港の待合室は混んでいてひどくむし暑かった。そこで子庸《ジャヨン》は突然息が苦しくなり、意識を失って倒れた。妻がとっさの機転で救急車を呼んだが、ソンヒがいなければそれまでだった。

「ベッドで必死に呼びかける妻に気がついたのは、七時間におよぶ血管のバイパス手術のあとでした。急性の心筋梗塞《しんきんこうそく》なそうですが、なんで疲れを知らぬわたしの心臓が

ピカソが描いたような虎の絵　趙館長提供

止まったのか不可解《ふかかい》でした」

初めて彼は気弱な笑みを見せた。

「激務がつづき、疲れをいやすために……、まあ酒にも溺れましたからな」

子庸《ジャヨン》は、別の仕事を考えざるを得なかった。すると、病床に飾っていたエミレの写真が、韓の国の美術品を探して……とささやいていた。子庸《ジャヨン》は、尊敬する民芸学者の柳宗悦《やなぎそうえつ》を思い浮かべた。彼は植民地時代にこの国の陶磁器《とうじき》の価値を発見した日本人である。

柳は朝鮮の白磁《はくじ》や青磁《せいじ》の奥深い美しさに気づいて、ソウルに朝鮮民族美術館を開設した。一九一九年、朝鮮各地に三・一独立運動が起きた時、日本は血なまぐさい弾圧《だんあつ》で応《こた》えたが、柳は公然と朝鮮の人々の側に立って日本を批判した。

「柳宗悦が見落としたものが、この国に眠ってはいないか」

子庸《ジャヨン》は病床からむっくり起き上がっていた。

子庸《ジャヨン》が妻と相談して二十年つづけた建設会社をやめ、すべてを処分すると、日本円にして四億円になった。それから各地の骨董品店をまわってみると、虎や豹の民画が埃《ほこり》をかぶっていた。アボジの居間に躍っていた豹の山神さまの絵にそっくりのものもあった。子庸《ジャヨン》は大喜びでそれらを買い集め、苦心の結果、忠清北道清州市にエミレ美術館を建てることができた。

そこにこの国の人々が大好きな虎や豹の絵を一杯に飾ると、民族の魂が立ち上がる気がして、子庸《ジャヨン》は感無量《かんむりょう》になった。涙ぐむようにしてわたしに語る。

「全く新たな、意義深い人生を見つけたのです」

エミレ美術館は、多くの文化人、マスコミの注目を浴びて有名になり、やがて彼は論文も発表して、民芸学者とたたえられるようになる。

趙子庸《ジョジャヨン》の発表するさまざまな考察は現代文明と朝鮮民族への鋭い洞察《どうさつ》を含んでいる。しかし、評判と経営とは別だった。地方都市なので見学者は増えない。それでも子庸《ジャヨン》は新羅や李朝時代の鬼瓦《おにがわら》、大きな甕《かめ》なども蒐集して貴重な文化財の散逸《さんいつ》をふせいだ。

北朝鮮に生まれ、日本の侵略とソ連軍侵攻という悲劇にあったたくさんの人達。その中で趙子庸《ジョジャヨン》は自由世界に逃れ、韓の国の埋もれていた文化財に新たな光を当てた。彼は虎と豹を守護神としたが、それは朝鮮民族として誇り高く生きることでもあった。

伽耶山国立公園山頂

第八章　犬が豹を捕った

伽耶山国立公園にも豹がいた

清州の一夜、わたしは陜川郡の吾道山で豹が生捕られた話をした。すると、趙子庸《ジョジャヨン》館長はとんでもないことを思い出した。

「そういえば……もう二十年以上も昔のことだが、……海印寺《ヘインサ》のある伽耶山国立公園の村でも……確か、犬が豹を捕ったことがありましたな」

「ええっ？」とわたしは、身を乗り出した。東亜日報という大新聞にのったという。

「よしよし、記事を探して送りましょう。確か切りとってあります。少々お待ちなさい。日本の弟のためだ」

腕を伸ばして豪快《ごうかい》にわたしの手を握った。

趙子庸《ジョジャヨン》館長はわたしを弟にして、滅びゆくものを訊ねる旅に共鳴するようになっていた。わたしの胸は鳴った。エミレ美術館訪問が、吾道山につぐ豹の発見となるやもしれないのだ。やがて趙《ジョ》館長は記事を探しだし、日本語に訳して送ってくれた。

「一九六三年三月二十三日、伽耶山麓の村で、珍島犬《チンドケン》が豹を捕った」

珍島犬は韓国南端の珍島《チンド》が原産の中型犬だ。耳は半立ちだが日本犬によく似ている。

わたしは躍りあがった。

「こんな秘話が残っているとは……、なんと豊かな国だ、韓国は！」

慶尚南道居昌郡伽耶面の伽耶山（一四三〇）は、小白山脈に雄大にそびえている。

そこは豹が生け捕られた吾道山から北へ十八キロしか離れていない。今はそのど真ん中の谷間を大邱と光州間の四車線の高速道路が突切ってしまったが、斗雲山、宿星山を従えて山つづきといっていい。

伽耶山の山頂から約十キロ南西の、大田里《ダイデンリ》という村。

そこで早朝五時ころ一頭の豹が珍島犬に噛み殺された。三際里の伽耶で黄ホンカッブが豹を生け捕ってから一年一ヵ月後、豹はまさしくこの地方に残っていたのだ。珍島犬とともに戦って、豹を捕ったのは大田里村の黄スリョン（三八）という。黄氏は二頭の珍島犬を飼っていたが、二十二日の夜九時ころ、大田里村南端洞のビキニ山を一頭の犬を連れて散歩中、突然樹上から豹に飛びかかられ、愛犬を奪い去られた。

翌朝、黄氏はもう一頭の珍島犬を連れて、仲間とともにその豹を見つけて仇を討った。この豹は十二歳のもので、体長一メートル、尾長七〇センチであった。殺された豹は大邱市の市場で八万ウォンで売れたという。

新聞記事は珍島犬をほめそやして、豹をまったく無視していた。一九六〇年代、この国では、豹はまだ天然記念物ではなく、害獣だった！

新聞を見た趙《ジョ》館長は仰天《ぎょうてん》して、すぐさま豹を買おうと大邱市へ急行した。新聞記者を探してその豹がアジア銃砲店に売られたことを確かめると、豹はヘビ屋に転売されていた。ヘビ屋は大邱の達成城《タツソンジョウ》近くの漢方薬店で、豹は地下室の大きなまな板の上におかれていた。青白い牙をむいた頭を客のほうに向け、美しい毛皮のまま赤黒い肉は無惨にも切り売りされていた。客が殺到し、肉も骨もあらかたなくなっていた。毛皮はすでに売約済みだった。

興奮した趙《ジョ》館長は、頭骨だけでも譲ってくれと懇願《こんがん》したが、それも売約済みでどうしても手に入らない。豹の肉は、煎《せん》じて飲めば狂犬病《きょうけんびょう》の特効薬という。

「漢方《かんぽう》の世界では、虎の肉と同じように霊験あらたかと信じられているのです」

館長は嘆いていた。

朝鮮半島で当時は、しばしば狂犬が出て人を噛み、それで死ぬ者が少なくなかった。狂犬病は、発症すれば現代でも助からない。

事件は二十年ばかり前のことだ。関係者はまだ元気でいるのではないか。わたしは趙《ジョ》館長へ豹の捕獲地を尋ねたいと書き送った。アジアの滅びゆくものの鎮魂《ちんこん》のために記録だけでもとりたい。すると、喜んで同行すると返事がきた。

「いままで書画骨董《しょがこっとう》にばかり目を向けていた。この際、日本の弟、いや作家に学んで動物学の視点から虎や豹と人間の関係を見直したい」

この国を植民地にし、数々の弾圧と悲劇を与えた日本人の子孫を兄弟にして温かく接する館長がいる。わたしは運命を感じて再び韓の国へ旅に出た。

豹を買った銃砲店とヘビ屋

一九八五年十二月一日、趙子庸《ジョジャヨン》館長と再会したわたしは、館長と車で大邱《テーグ》市に入った。

大邱は伽耶部落の黄ソックンが出稼ぎに来て交通事故死した街だ。韓国第三の大都市で人口は二百万以上。ろくな信号機もない中を飛ばす車が右往左往していて、車になれたわたしでも危ない。

新羅《シンラ》の王が築いた達成城《タツソンジョウ》の正門近くに車を止めて趙館長とヘビ屋を探した。ヘビ屋なら豹の毛皮の行方を知っているだろう。その毛皮は手に入れたものの家宝になっているのではないか、なんとか持ち主を探して拝見したい。

趙《ジョ》館長も乗り気だ。しかし、ここらだったというヘビ屋を探したが見つからない。付近は小さな店の集まりだったのに、見違えるようなビル街になっていた。どこの国でも大都市はたちまち変貌する。

豹を売った銃砲店なら恐らく知っているだろう。そこで館長とアジア銃砲店を訪ねると、店主は死んで息子の代になっていた。若い息子は父親が豹を買ったことなど初耳という。死んだ店主の夫人に電話して訊《き》いてもらった。どうしたことか夫人も知らない。夫人も息子も驚くばかりだ。

達成城の前はちょっとした広場で、石段の前に露店を開いてヘビ屋がいた。たくさんのビンにヘビの粉末を並べ、足元の竹篭にはどぎつい模様の生きたヘビが何匹もからまっている。ヘビ屋の親父は、古い日本語の新聞を広げて客を集めている。

「イルボンサラム（日本人）はだな、すごいぜ。八十歳だがヘビの粉を飲んでだな、サネアイをもうけたんだ。……この通り」

新聞の写真には、あやしげな老人が赤児を抱いて笑っている。サネアイとは男の子のことだ。韓国ではサネアイの誕生を熱望する。ヘビ屋を囲んでしゃがんでいるのは、どこか自信のなさそうな中年のオッサンばかり。

「夜のおつとめがつらい人……サネアイの欲しい人は見逃せないよ。さあさあ、悩んでいないでヘビを買った、買った！」

趙《ジョ》館長は朗らかに笑い、わたしもつられて笑った。そこで、二十二年前に地下室で豹を切り売りしたヘビ屋、つまり漢方薬店のことを訊いてみた。大邱市には、韓国最大の薬店街があって朝鮮人参からさまざまな薬草、熊の胆《い》などを扱う漢方薬店は三百軒以上あるという。

「豹の肉を売ったヘビ屋なんて……聞いたことがない。そんな新聞記事、信用できるか」

ヘビ屋の親父さんはプイと横をむいた。

宝の証人

この上は大田里の村を探すしかない。

重い気持ちで山あいの道をたどる。北東に伽耶山国立公園の雄大な岩山が出てきた。趙《ジョ》館長は急がない。道中の食堂でわたしに名物のドジョウ鍋を食べさせたいという。焦ったが仕方がない。ドジョウをつつきながら、エミレ美術館の経営を聞く。

「冬はだめです。暖かくなって団体客が動くのを待つしかありません」

館長はさびしそうである。二番目の娘さんに話を向けると趙《ジョ》館長はため息をついた。

「マーガレットはわしに似て背が高すぎて……百八十センチくらいありますからな、この国ではボーイフレンドができません。それであの子はアメリカに行ったきり帰りません。彼女は韓国のものは、あれもこれも……キムチまで嫌いです。姉のエミレばかり、わたしが可愛がったせいかもしれません。エミレは生まれつき身体が弱かったのです」

館長は、しいて笑みを浮かべた。

「マーガレットのことは、山神さまに何度願ってもだめでした。山神さまにも、どうし

大田里の豹の捕れた山

ても届かないことがあるのですな。まあ、娘の愚痴《ぐち》はやめましょう」

気まずい食事を終えて、ようやく大田里の南端洞という部落へ入った。雑木林に囲まれて百戸ばかりの農家が肩を寄せあって、背景の崖から落ちる滝は青白い氷柱《ひょうちゅう》となっている。小さな村だが、吾道山の伽耶よりは平地があって人や車の動きが多い。家のまわりを長い尾を引いてカササギが飛ぶ。

午後も三時近く、山里の陽はかげっている。村へ入って行くと小さな橋のたもとから、竹のザルを抱えた中年の女性が立ち上がった。ザルには真っ赤なトウガラシが入っている。そこで趙《ジョ》館長が声をかける。

「アジュモニ、ちょっとお訊《たず》ねしますが」

アジュモニは既婚《きこん》のおばさんのことだ。彼女はからからに干したトウガラシを小川の清流で洗っていた。

「二十年も昔のことですが、黄スリョンという……ピョウボンを捕った人を知りませんか」

ザルを抱えたアジュモニは、すぐ奥を指差した。

「よかった！　うちの兄さんだそうです。山神さまのお蔭ですぐ見つかりましたな」

さすがは韓国を代表する東亜日報！　新聞記事はでたらめではなかった。豹が捕れたビキニ山は、凍った滝の向こうに広がる山塊《さんかい》という。

「こんな山に豹が出たのか！」

吾道山より木立は深いが里山で、雑木林にカシワの枯れ葉がまといついている。あれ、あのあたりというアジュモニの顔は曇った。

「スリョン兄さんは死にました。もう十年にもなります」

「なんということだ、そんな歳でもないのに」

趙《ジョ》館長とわたしは落胆《らくたん》した。するとアジュモニは先に立った。

「ともかくわが家へ、スリョンの弟……わたしの

趙子庸館長

夫が折りよく休んでいますから」

アジュモニのあとをついて、古い土壁が並ぶ道から木造の扉をくぐって民家へ入った。中庭に放し飼いのニワトリが五、六羽、寒さにじっと縮《ちぢ》んでいる。オンドルの居間に通されると、スリョンの弟さんが現れた。黄ジョンギル四十四歳という。細身の農夫らしい風貌《ふうぼう》でテレビの横にあぐらをかいた。スリョン兄さんを惜しむと、

「なあに、わたしは兄のスリョンにそっくりといわれていますよ」

と顎《あご》をなでた。

突然の来客でしかも日本人同伴なのに心よく相手をしてくれる。アジュモニがお膳に白いゆで卵が入ったどんぶりを出した。庭先のニワトリが生んだものだ。趙《ジョ》館長は早速殻《から》をむいて卵を頬ばりながら通訳をはじめた。

改めて豹を捕った兄さんに会いたかったと語ると、ジョンギルさんが答える。館長は目をみはり、手を打って笑いだした。

「豹を捕ったのはこの人ですよ！　兄さんは町へ売りに行っただけといいます。まさに山神さまの……お導きですな！　新聞記者は適当なことを書いたのですよ」

豹の捕獲者を捜し当てた！　こんな幸運があるのか！　さーっと鳥肌が立った。

ジョンギルさんは見るからに実直《じっちょく》で、まばらなひげを生やしてひょうひょうとしている。昨日のことのように語り始めた。

犬が帰らない

その時、黄ジョンギルは二十三歳。

二年間の兵役が終わったばかりで、家で兄の百姓仕事を手伝いながら、メリというオスの珍島犬を飼っていた。メリは村で生まれた地犬で血統書なんてない。白っぽい毛で耳は半立ちだった。珍島犬は韓国の西南端、木浦の沖の珍島《チンド》が原産地で、秋田犬に似ているがはるかに野生的だ。

一九六三年三月二十二日の夜、ジョンギルはヨンチャンという幼馴染《おさななじみ》と犬を連れてオソリ狩りに行った。ヨンチャンはトングルというやはり珍島犬のメス犬を持っていた。オソリはタヌキに似たアナグマのことで、雑木林で暮らしている。

夜のビキニ山にはフクロウが鳴き、トラツグミなのかピィーヒョーと笛のように鳴く鳥もいる。犬は藪《やぶ》をかけ巡《めぐ》って、オソリを見つけるとワワワッと吠える。男たちが駆けつけるまで逃がさないでいて、どうかすると噛み殺してしまう。うまくいけば二時間ほどで一、二匹のオソリが捕れた。

そこで月のある晩にはよく行った。オソリは太っていて大きなものは十六キロもある。食べては牛肉よりずっとおいしく、田植えとか、稲刈りとか人が集まるときのご馳走になる。肉は野菜を入れたいためものにし、骨はスープにすればダシが出てだれもが喜ぶ。

その夜、二匹の珍島犬はビキニ山に入ってふた手に別れた。ジョンギルのメリは近くにいて、雌犬のトングルはずっと尾根のほうをガサゴソ走っていた。そのうちに、「ギャン！」という、悲鳴ともうなりともつかないトングルの声をジョンギルは聴いた。

「なんだ?」

耳を澄ましたが、あやしい声はそれっきり。

月影が傾いて若者たちは、口笛を吹いて犬たちを呼んだ。メリはすぐに来たが、トングルの姿はない。しばらく待ったが足音もない。五歳のトングルは気まぐれで、オソリの気配《けはい》がないときには遠走りして勝手に家に帰ることがあった。そこでトングルの悪口をいいながら帰ってきた。この夜は獲物《えもの》はなにもなかった。

翌朝早くのことだ。ヨンチャンはジョ

韓国のアナグマ　オソリ　韓尚勲提供

ンギルの家へ浮かぬ顔でやってきた。

「おい、おれの犬、トングルがまだ帰らないんだわ」

「どうしたんだろう、そういえば夕べ、妙な声でひと声鳴いたのが気になるなぁ」

仲間を呼んで、四人で夕べのビキニ山を探すことになった。むろんメリも連れて行った。村はずれの土橋を渡って、五、六百メートル山へ入ってヨンチャンは口笛を吹いた。耳を澄ましたがトングルの返事はない。

犬は豹に食われた

「クソイヌめ、どこさ行ったべ」

ヨンチャンは足で地面を蹴ってののしった。

そこで、ジョンギルが「メリ、メリ、メリ」とけしかけると、メリは尻尾を立てて夕べの山へ入って行った。足音を聴いていると、ほどなく林の奥でただならぬ声で吠え出した。

「おっ？　オソリかな」

若者たちが登って行くと、メリは子牛ほどもある岩のごろごろする前で大きなネコみたいなものと向きあい、殺気だって吠えている。

「ややや、何だ、こいつは？」

「ヤ、ヤマネコか？」

そいつは黒茶色で体に点々があり、緑色の目をギラギラさせている。四人が見たこともないけものだ。大岩をバックに毛を逆立て青白い牙をむいていたが、なぜか吠える珍島犬をもてあましている。

「トングルはこいつにやられたのかな？　もしかして」

「そうかもよ、逃がすな！」

足元にはこぶし大の石がごろごろしている。四人は石を持ち、メリのうしろからヤマネコを目がけて投げた。五、六メートルの近さで力いっぱい投げる。たちまち、石は当たってけものはひるみ、メリが噛み付く。珍島犬は勇敢《ゆうかん》で、けものを攻めてはパッと離れる。どうしたことか、けものは動きがにぶくて頭や背中にギャギャンと石が当たる。

ヤマネコはひるんで石の下へ入ろうとし、頭隠して尻隠《しりかく》さずになった。その点々のある背中にやつぎばやに石をぶつける。ヤマネコはのけぞり、白い喉を見せてシャーッとあえぐ。メリが噛みつく。

「そうりゃ！」

ジョンギルが棒で真上からグシャッとなぐりつけた。ヤマネコは断末魔《だんまつま》のあえぎを見せてのびてしまった。

「マンセー、マンセーッ！（バンザイ）」

部落まで聞こえるほど叫んで四人は踊った。ジョンギルがお手柄のメリを抱きしめると、メリは千切れるように尾を振ってジョンギルの口をなめる。

「トングルはどこだ？」

あたりを見回して、ヨンチャンが変わり果てたものを見つけた。

「ややややっアイゴー、これがトングルか！」

血まみれの犬の頭と、腰骨に尻尾のついたものがころがっていた。なんと、あらかたヤマネコに食われていた。

「トングルはケンカなら、村で一番強かったのに……アイゴー。こんなヤマネコにやられてしまった」

ヨンチャンは犬の頭を抱いてぼろぼろと涙をこぼした。

豹は満酔していた

ここまで、ぐいぐいと秘話を引き出していた趙子庸《ジョジャヨン》館長は、

「昔の本に、虎は犬を食えば満酔《まんすい》するとあります。満酔とは、満腹で動けない状態をいいます。豹は、前夜は空腹だったので犬を襲い、それを食べて満酔したんですな」

ハタと膝を打った。

「それで新しい犬とは闘えなかったんです。人間もそうでしょう、腹一杯食ったら、

どんな強い選手でも格闘技《かうとうぎ》には勝てない。相撲《すもう》やレスリングにですな」

虎や豹の国らしい話だ。

「うーん、食べた犬の肉を吐き出せばよかったのに」

趙《ジョ》館長は惜しそうにつぶやく。

「新羅《シルラ》や高句麗《コウクリ》の古書には、猟師が鉄砲なしで、数頭の猛犬で虎や豹を捕ったとあります。このようにして若い豹なら仕留めることがあったのですな。うーむ、これは得がたい話を聴きました」

ロシアの沿海州《えんかいしゅう》の猟師には、現代でも雪山で虎の親子を見つけると、発砲して親を追い払い、遠走りできない子どもの虎を生け捕るチームがいるという。朝鮮半島にもそのような狩りがあったのかもしれない。

さて、四人の若者が長い尻尾をたらしたけものを棒に吊るし、興奮してまだ荒びるメリを連れて意気揚々と部落へ担いでくると、物知りの年寄りが出てきた。

「お前たち、なにを捕ってきたんだ？　どれどれ、ヤマネコだって？」

ひと目見て「ありゃりゃっ！」と叫んだ。

「こ、これはヤマネコじゃない、ホ、ホランイの従兄弟《いとこ》のピョウボンじゃないか！

アイゴ、これっ、この点々を見ろッ」

なるほど茶色の全身に黒い花模様が散っている。四人の若者は仰天《ぎょうてん》した。

「ホランイの従兄弟と知ったら、こわくてこわくて……とてものことに手が出なかった」

すぐ村中の老若男女が集まってきた。ピョウボンの生臭い死体を囲んで黒山の人だかり、大騒ぎになった。


証拠写真があった！

「ピョウボンをどうする？」

三月も末で南端洞にも梅の花がほころんで、前にも後ろの畑にもジャガイモを植える支度《したく》が始まっていた。

捕獲した豹と４人の若者と村人　珍道犬を抱く黄ジョンギル

「この陽気なら、豹は間もなく腹から腐《くさ》るぜ」

「そうだな、どっかの金持ちに、とびきり高く売りたいな」

若者たちは、ジョンギルの兄のスリョンにピョウボンの処分《しょぶん》はまかせることにした。

スリョンはよそゆきの白い韓服に着替え、麻袋に入れたピョウボンを担ぎ、バスで一時間半、大邱市に出かけた。大邱は韓国ではソウル、釜山についで三番目の大都市だ。

引き受けてはみたが、スリョンも田舎もんで、ピョウボンの売り先なんて見当もつかない。大邱市に入って達成城前でバスを降り、アジア銃砲店を見つけて戸を開けた。

ずらりと猟銃や空気銃の並ぶショー・ウィンドーの前でおずおずと社長に訊いた。

「あの……、ホランイの従兄弟《いとこ》を売りたいんだが……どこさ持って行けば……」

「なにっ虎の従兄弟だって？　どれ出してみろ。おおっ、こりゃピョウボンじゃないか！　こいつはお前……どえらいものを捕ってきたッ！」

太った銃砲店の社長は、アイゴ、アイゴーと息もつまるほど驚いたが、

「よしっ、オレにまかせろ！」

目の前であちこちへ電話して買い手を集め、一番の高値をつけた漢方薬店のヘビ屋に売った。それから銃砲店の社長は、新聞記者を呼んで豹の記事を書かせたのだ。

二時間もたたずに、アジア銃砲店の社長はヘビ屋から大金を受け取り、それでスリヨンに渡した。スリヨンはそれを風呂敷に包み、落さないようにしっかり腹に巻いて帰ってきた。

ともかく犬のお蔭で豹を捕獲したことに驚愕して、わたしは訊ねた。

「もしかして、写真なんてありませんか」

「サジン(写真)？　ありますとも」

ジョンギルさんは、笑って振りむいた。

するとアジュモニが引き出しから、ハガキサイズの写真を引っぱり出した。豹を真ん中にしてメリと四人の若者たち、まわりに大勢の村人と子どもたちが写っている。

「うわーっ、これはこれは！」

もう一度ザワザワと鳥肌が立った！

村に布教《ふきょう》に来ていた、キリスト教の宣教師《せんきょうし》が撮ったという。東亜日報は根拠《こんきょ》もなしに十二歳と書いたのだが豹は見るからに幼い。前年に吾道山で生け捕られたものと同じくらいの一歳未満のものだ。おそらく血縁のものではなかったか。

小白山脈の一角にそびえて、名刹《めいさつ》海印《ヘインサ》寺のある伽耶山（一四三〇メートル）は岩肌のそびえる豪快な山だった。その山麓一帯には伐採をまぬがれた樹林が繁り、一九六三年までは豹がいて、オソリなどを食べていた。

わたしはふるえる息を静めて、慎重《しんちょう》に写真をカメラで複写させてもらった。

珍島犬は牝牛になった

「その珍島犬は、それからどうした？」

一呼吸おいて趙子《ジョジャ》庸《ヨン》館長が訊いた。

「犬がピョウボンを捕ったと新聞にのると、釜山近くの金海《キンヘ》から、珍島犬保存協会の役員だという立派な男たちが、ダブルの背広にネクタイを締めて十人も車でやって来ました。犬を譲《ゆず》れというんです。ピョウボンと戦って勝った名犬の血を入れて、立派な珍島犬をつくりたいといいます」

金海市は王陵《おうりょう》や寺院がたくさんある豊かな都市だ。空港も近くにあって韓国各地から観光客が訪ねる。

「大事なメリは売りたくなかったけど、国の天然記念物を育てるのに貢献《こうけん》してくれなんて言われて……酒もたくさん買われたし。兄はすっかり酔ってしまって……」

「なんとしたことだ」

趙《ジョ》館長が日本語でつぶやく。どこか不機嫌になっていた。

「兄のスリョンは一家の主で、兄がきめたら弟たちには反対できません。田舎はそんなもんです。メリは結局、金海の人が七万ウオンをおいて車に乗せて行きました。いたましかったけど仕方ありません。まあ、田舎の犬としては聞いたこともない高値でしたな」

「……それはそれは」

「兄がアジア銃砲店にピョウボンを売った金は四人でわけました。メリの分にうちでは少しよけいにね。いずれ大金でしたよ。兄はそれにメリを売った金を足して、りっぱな牛を一匹買ったんです。メリは角のある大きなアムソ（牝牛）に化けたんです」

そこでアジュモニはうれしそうに口をはさんだ。

「そのアムソ（牝牛）は、部落一の牛になりましたよ。随分子牛をとりました。大田里の村では値打ちもんの牛になったんです」

ここには吾道山とは違う暮しがあった。

「しかし、いい犬がなくなって、オソリは捕れなくなりました。もう夜の猟なんか、する人もありません。世の中はソウル・オリンピックが決まってすっかり変わったでしょう。国中が開発、開発の土木工事で、今はこんな田舎でも金を稼ぐのに忙しくて、誰も彼もオソリどころじゃないんです」

「…………」

「ピョウボンですか？　あれから二十年も気配がありません。足跡も……噂もないですな」

豹の糸は、ここでもぷっつり切れていた。

「オソリももういないんじゃないですか。あれから韓国の道はどこまでも舗装《ほそう》になって橋もかかり、自動車がたくさん走っているでしょう。オソリもたくさん、たくさん車に轢《ひ》かれましたよ」

暗澹《あんたん》たる気持ちになる。

「もうピョウボンが捕れたことなんか、覚えているのはわたしらぐらいでしょう。村の人はみんな忘れてしまって。わたしですか……」

ジョンギルさんの表情は急にかげって咳《せ》き込んだ。顔色がよくない。

「この秋まで出稼ぎで大邱のセメント工場にいましたが、体をこわしてしまって……今は家で休んでいます」

「…………」

「犬をピョウボンに食われたヨンチャンですか、釜山の土建屋で働いています。わたしの親しい幼友達でしたが、彼が帰ってくるのは正月と秋夕《チュソク》（韓国のお盆）の年に二回、そんなもんです。腰がふたつに曲がったオモニが、ひとりでいますからな。ヨンチャンの嫁さんと娘たちですか……、ピョウボンの出る村になんか住みたくないと帰って来ません。釜山の街の賑やかな裏通りで暮らしていますよ」

豹変

夕方、ジョンギルさん夫婦に厚く礼をしてわたし達は車に乗った。

清州への帰路、趙《ジョ》館長の口数はめっきり減った。疲れたのだろう。そこでわたしが提案して、二人は途中のひなびた町のホテルに泊まることにした。

十卓ほどある宿のオンドルの食堂に座ると、初めに小ぶりの碗にお粥《かゆ》が出た。すきっ腹に悪酔いしないようにと宿の女将の心遣いである。それをうれしくすすって、趙《ジョ》館長は微笑みながら乾杯の音頭をとった。

「お陰で今日は貴重な豹の話を聴きました。ありがとう。今夜はわしが持つ」

八分の入りの客の中で、彼は日本語が目立たないように小声だった。

「わたしこそ、御礼のことばもありません。日本からやってきて、趙《ジョ》館長の名通訳でアジアの豹の伝記をまたひとつ刻むことができました」

わたしも小声で頭をさげた。

館長はやかんから白いマッコリを杯にそそいで、静かに干した。マッコリは伝統的なこの国の濁《にご》り酒だ。華《はな》やかなチマ、チョゴリ姿の若い女性がまわって酌《しゃく》をする。太《た》刀魚《ちうお》の煮付け、ギンナンの実のいためもの。野菜の天ぷら。キムチと大根のカクテギ、シメジに似た大柄な茸の煮物がテーブルに並んだ。山の茸は歯ざわりがよくて香りもいい。

趙《ジョ》館長の真似をしてチシャの葉に具をのせ、青ナンバンと生ニンニクのかけらを包んで口に入れる。生野菜の香気が生気をもたらし、冷たいマッコリが心地よい。

取材に成功した感動にわたしは酔っていた。

あれもこれも趙子庸《ジョジャヨン》館長の超人的な力によるといっていい。新聞記事の誤りをただし正確な記録をつかんだのだ。わたしはくり返した。

「アジアの豹にとって、歴史的な発見でしょう」

趙《ジョ》館長は淡々と乾杯する。

「まさに……山神さまのなせることですな」

なるほど、これほどの幸運は人知《じんち》を超えるものだったのか。あれもこれもうまくいって、写真まで手に入れた。だがその趙《ジョ》館長はどこか暗い調子で語りだした。

「わしは日本教育を受けてソロバンの名手になり、恩師のお蔭で日本人形を手に入れ、日本の敗戦とソ連軍侵攻という動乱の中で米軍司令部の通訳になった。わしにとって本当に奇跡だった。お陰でアメリカに留学して建築家になり、やがて虎の美術館を残すことができた。考えてみると、わしの一生は日本のお陰なんだな……日本人の恩師のことは忘れたことがない」

「すばらしい人生ですね、その先生とは？」

「ご自分の革バンドをするりと腰から抜いて、絶体絶命《ぜったいぜつめい》の教え子を助けてくれた柴田先生とは、それきりになった。どうしておられるかと、いつも温顔《おんがん》を思い出す」
わたしは館長にマッコリの杯を捧げた。しかし、彼は口説き始めた。
「韓の国は白頭山《ペクトサン》から南へ江山三千里《こうざんさんぜんり》、虎や豹が棲む山脈には峨々《がが》たる岩山が連なり
……そこに松がからんで、その景色たるや中国の名画よりすばらしいだろうが」
わたしも深くうなずいた。この国の自然の美しさは世界に冠たるものだ。
気がつくと趙《ジョ》館長は、マッコリよりも度の強い焼酎を飲んでいた。
「この国の人間はそこで、昔から白衣を愛用して清らかだった。だが、今はどうだ。
南北に別れていがみあっている」
「……残念ですね」
「日帝に侵略《しんりゃく》されても、インドのガンディーのように非暴力で耐《た》え忍び、いつか山神
さまが助けてくれる、本当の朝が来ると、わしのアボジも固く信じておった」
静かに飲んでいた趙《ジョ》館長は、突然鋭い声になった。
「日帝のことは、あれもこれも許せん。朝鮮の青年まで日本軍の一兵卒にした！　軍

隊に入ったわしのチングは、金も張も帰って来ない！」

声高の日本語に驚いて客たちは一斉にこちらを見た。チングとは親友のことだ。

「小川でナマズの子を捕り、ゴム靴へ水を入れて泳がせて遊んだ、幼友達の……」

館長は平手でバシンとテーブルを叩いた。

「あれほど善良なやつらを、玉砕させてしまった！」

館長の酒は一気に荒れた。お酌の女たちがなだめようとまとわりつく。しかし、館長はきかない。これが豹変《ひょうへん》というものか……肩をいからせる。

「ドイツのベルリンが陥落してヒトラーが愛人と自殺したのは五月六日だ。あのとき日本の負けは決まったろうが……」

ハッとわたしは小さくなった。

「無条件降伏《むじょうけんこうふく》を遅らせたやつら……許せん。広島にピカを落とされたのは八月六日だろう。その日のうちに降伏すれば……ソ連軍の侵攻《しんこう》などなかったろうが……スターリンは日本が降伏するのに感づいて、九日に国境を破って百万を超える兵力で攻撃をかけてきた」

「その通りですね」

「スターリンのしたことはなにもかも許せん！　この国をまっぷたつにした。そしてあの……ソ連軍が引っ張ってきた金日成《キムイルソン》という青二才。……本物は六十過ぎの老人だったのに、ニセモノは三十を過ぎたばかりだった」

ロシア語のうまい別人を、ソ連軍が将軍に仕立てたという説が通っていた。

「あの独裁者は絶対に許せん……わしのアボジはやつらの手先に殺されてしまった！　貧しいものからは一文も取らず……病気やケガの手当てをしてきた。遠くの村からも親みたいに慕われていたアボジは、いたましいことに路上の人民裁判で憤死《ふんし》した。アイゴー、ひとり息子のわしは、墓参もできん！」

豹を弔う

趙《ジョ》館長は、グビリと飲んでまたわたしに向った。

「ウリナラ（わが国）にどうして、豹や虎を大事にする学者や作家がいないんだ？どうしてイルボンサラム（日本人）しか調べるものがいないんだ？」

「いや……、滅びかけたものは、だれが調べたっていいんですよ。こうした動物は国境を超えたものでしょう。韓国にもそのうちきっと研究者や保護する人が出てきますよ」

「そうか、虎や豹は国境を超えたものか……そうだな」

趙《ジョ》館長には少しばかり笑みがもどった。だが、酔いはまた別のほうへいった。

「本当に韓国から、虎も豹も滅びたのか。休戦ラインには生きているんじゃないか？

えっ、イルボンサラムの……作家！」

「むずかしいなあ、非武装地帯は幅が四キロしかなくて狭《せま》すぎるんですね。餌になる鹿や猪がいないでしょう。それに……」

無数の地雷が埋まっているという。頑丈な金網で仕切られてもいる。

「そうか、休戦ラインはせまいのか、アイゴー」

生涯をかけて、虎と豹を崇拝してきた人の嘆きは深くなる。

「わしは古いのか。わしはアメリカの最高学府で学んだが、故郷は北朝鮮の片田舎だ。……そこでアボジが、山神さまと正直に生きよ……と教えたことを終生忘れずにきた。高速道路ができて虎は滅び、山里の村から素朴な山神崇拝も消える。……先祖代々守ってきたものが消えて……なにが一体残るんだ」

「…………」

「人心もみんな腐《くさ》っている。いたましい豹が……山神さまのお使いなのに生きていけない……これが時代なのか……許せん」

わたしは目をしばたいた。

「休戦ラインの北ではどうなんだ?」

北朝鮮の虎と豹は金日成の独裁政権《どくさいせいけんか》下では不明である。

「韓半島の生態系をこれ以上破壊するな、というアピールこそ必要ですね」

「そうだとも!」

うなずいたが、館長の酒はいつ果てるともない。

客たちは座を立ち、女たちは後片づけを終えてこちらを見ている。わたしは頭をさげた。

「よくわかりました趙《ジョ》館長、さ、さ、さ、終わりの乾杯といきましょう」

だが、館長の長身は動かない。終わりというと虎のように吠えた。

「弱いものは寝てしまえ！」

心臓の手術をしている館長を気遣って、

「あとは明日の晩にしましょう」

なだめたが大男はきかない。

日本人がそばにいるから荒れるのかもしれない。女たちはわたしに目配せをする。

(ここはもうあたしたちにまかせて、あなたは座をはずして)

といっている。

そこで、わたしは部屋に戻り疲れ果てて眠った。

座禅する趙子庸館長

その夜、趙《ジョ》館長はわたしと同室することになっていた。だが朝まで隣の布団は空だった。コートと書類ケースだけがおいてある。

朝、フロントで訊くと、なんとしたことか、昨夜遅く趙《ジョ》館長は酒と杯を持って車で外出したという。

「どこかへ飲み直しに行ったんでしょう」

フロントはのんびりしている。朝食をひとり済ませてロビーで待ってみた。だが、館長はいつかなもどらない。

虎の国の英傑《えいけつ》は、貴重な秘話を与えて煙のように消えてしまった。

昨夜、最後まで面倒を見るのだったとわたしは後悔した。仕方なく、宴会と宿代を精算し、館長の持物はフロントへあずけてホテルを出た。

その夜、ソウルにもどって清州市の館長夫人へ電話すると、夫はまだ帰宅しないという。

「出て行ったきり、数日もどらないことはままあります。このごろ、なぜか悪酔いするようになって……。美術館の経営が苦しいこともあります。あの人は、損得《そんとく》なぞ全く考えずに動くのです」

「…………」

「だけどエンドーさん、心配はいりません。きっと帰って来ます」

「そうでしたか……。それで趙子庸《ジョジャヨン》館長は……酒を持ってどこへ行ったのでしょう？」

前日からのいきさつを話すと、夫人は静かな口調で答えた。

「あの人は豹の死を悼《いた》んで……どこかの丘で鎮魂《ちんこん》の……、通夜《つうや》をしに行ったんです」

わたしは粛然《しゅくぜん》たるものに打たれた。

——完——

あとがき

吾道山と大田里で豹が捕れてから五十年になろうとしている。

この間、豹は発見されていない。そこで残念だが韓国の豹はこの二頭が最後かもしれない。

では、北朝鮮と国境を接する長白山《チャンペクザン》（白頭山）ではどうだろう。そこで二〇〇四年五月、長白山の西側の中国東北部の吉林省《きつりんしょう》へ入ってみた。吉林省は韓半島に接し、東端はロシア領につながっている。そこには長白山自然保護区がある。

自然保護区の西側一帯には、モンゴリナラに紅松の大木の混じる原生林が残っている。しかし、アカシカ、ニホンジカ、ノロジカ、オオカミなどはいないという。かつてはたくさんいたのである。原生林のあちこちが朝鮮人参の栽培地として切り拓かれていた。

中国側では巨大な開発が始まっている。一九八〇年代に長白山（白頭山）の山頂近くまでバス道路ができて、大勢の中国人や韓国人観光客が山頂の神秘の湖、天池《てんち》の見物に訪れている。

長白山登山口の二道白河の街に長白山国家級自然保護区研究所と博物館がある。ここには一九八〇年に捕獲された一頭の豹のハクセイがある。これは長白山ではなく、はるか北の琿春市《フンチュンシ》のロシア国境で、中国住民のワナで密猟されたものを標本にしたという。

同研究所によると、長白山の中国側の雪山を一九九七年から毎年調査しているが虎や豹の足跡は見つからないという。長白山の一帯には北朝鮮との間に柵がない。もし、北朝鮮に虎や豹がいるのなら、国境を越えて中国側に出てきて足跡をつけて不思議はない。そこで研究員は、長白山脈では北朝鮮側でも中国側でも虎も豹も滅びたろうと語る。

するとと残るところはデルス・ウザーラのいたロシアである。二〇一三年沿海州のウスリースク自然保護区には五〇頭ほどのアムールヒョウが生息しているという。アムールヒョウはチョウセンヒョウとごく近いものだ。

二〇〇九年十二月、ソウル大学獣医学部で国際的な虎のシンポジウムがあり、わたしは招かれて『韓国の虎はなぜ消えたか』の題で講演した。ソウルの図書館に眠る資料から、この国の虎や豹が総督府によって乱獲された記録を示すと、学生たちは悄然《しょうぜん》とした。冒頭《ぼうとう》にも紹介したが、韓国の虎と豹は日本の植民地政策、侵略によって滅びたのだ。日本人としてお詫びのことばもない。

現在、ソウル大学獣医学部では虎と豹の保護基金をつくり、韓国の山に虎と豹を復活させるプロジェクトを進めている。

韓国の人びとの多くは、韓国語もできずに訪ねる日本人に親切だった。この作品で豹を捕獲した黄紅甲さんの夫人は、オンドルの部屋に泊めて劇的な捕獲の話をしてくれた。ウオン・ピョンオー教授の家族は、何日も自宅に泊めて虎や豹の資料を探すわたしを助けてくれた。彼の国境を超えた友情がなければ、この興味深い豹の記録は生まれなかった。

この間、韓国は急速に発展した。西海岸の広大な干潟を埋め立ててアジア最大の仁《イン》川《チョン》国際空港を開き、至る所に工業団地を造り高速道路を四通八達させた。今や韓国は、テレビやケータイ電話、乗用車を世界中に売る先進工業国の仲間入りをしてものがあふれている。

吾道山頂のレーダー基地は撤去《てっきょ》され、今はテレビの中継塔になっている。そこで休日には大勢のハイカーが登って眺望を楽しんでいる。しかし、この山で一九六二年に豹が捕獲されたことを知る人はほとんどいない。

この作品に登場する韓国の人びとは、どの人も魅力的で忘れがたい。わたしは日本の抱える大きな矛盾を教えてもらった。吾道山を案内してくれた馬山大学の咸奎晃教授、貴重な写真を提供してくれた韓尚勲氏、いろいろお世話くださった嘉會民画博物館のユウ・ヨンスウ館長、ソウル大学のイ・ハン教授、大学の李銀玉さん、鄭瑜珍さん、日本では元北上書房社長の間室胖さん、宮古市の佐々木繁さん、垂井日之出印刷所の沢島武徳社長に心からの感謝を捧げる。

最後にエミレ美術館は経営不振で閉鎖せざるをえなくなり、館長だった趙子庸《ジョジャヨン》氏はピカソの虎など代表的な秀作を売却し残った作品を持って各地を巡回するようになった。二〇〇〇年一月、彼は忠清南道大田市のエキスポ公園で美術展を開き、そこで心筋梗塞で倒れ、七十四歳で満天の星の彼方へ旅立った。惜しまれてならない。

遠藤公男――えんどう・きみお

一九三三年岩手県一関市生まれ。小学校教師として主に山間部の分校に勤務。趣味の動物学で岩手においてコウモリの新種三、北海道で野ネズミの新種一、北上山地でイヌワシの巣を発見。日本野鳥の会名誉会員。二〇〇〇年日本鳥類保護連盟総裁賞受賞。岩手県宮古市在住。著書に『原生林のコウモリ』(学習研究社)、『帰らぬオオワシ』(偕成社)日本児童文学者協会新人賞、『アリランの青い鳥』(講談社)、『ツグミたちの荒野』(講談社)日本児童文芸家協会賞、『韓国の虎はなぜ消えたか』(講談社)、『夏鳥たちの歌は、今』(三省堂)、『盛岡藩御狩り日記』(講談社)、『ヤンコフスキー家の人々』(講談社)など多数。

韓国の最後の豹

著　者	遠藤　公男
発行日	平成26年8月20日 (2014)
印刷製本	(資)垂井日之出印刷所
発　行	(資)垂井日之出印刷所
	岐阜県不破郡垂井町綾戸 1098-1
	〒503-2112　Tel 0584-22-2140
	Fax 0584-23-3832
	http//www.t-hinode.co.jp
	郵便振替　00820-0-093249「垂井日之出印刷」

ISBN978-4-907915-00-1

アリランの青い鳥（改訂版）

遠藤 公男 著

韓国の「鳥の父」と呼ばれる元ビョンオ慶熙大学名誉教授は、現在の北朝鮮の出身だが、朝鮮戦争で父子は生き別れになり、元ピョンオ名誉教授は韓国に逃れて鳥研究に打ち込んだ。それは父親の元洪九さんが鳥類学者であったためでもある。1964年、足輪をつけたムクドリを北朝鮮に向けて放し、この鳥を父が偶然発見した。その後、日本とロシアの研究者を介してお互いに無事を確認した逸話は、あまりにも有名だ。「アリランの青い鳥は」その実話を分かりやすく物語にしたノンフィクションである。

朝鮮半島に、このような悲劇がつづいていることを
世界中の人に知ってほしい。　　　　著者

推薦

渡り鳥に国境はない。鳥はビザもパスポートももたずに、いくつもの国を越えて移動する。その渡りの過程で、鳥は遠く離れた国や地域の自然と自然をつないでいる。と同時に、人と人をもつないでいる。「アリランの青い鳥」は実際に、北と南に引き裂かれ、会うことのかなわない親子をつないだのだった。読んだ人は涙を流さずにはいられない。
樋口広芳（東京大学名誉教授）

「アリランの青い鳥（改定版）」
著者：遠藤公男

定価1143円＋税　（8％税では1234円）
ご注文は、アマゾンまたは(資)垂井日之出印刷所へ直接お申し込みください。
(資)垂井日之出印刷所　　岐阜県不破郡垂井町綾戸1098-1
TEL 0584-22-2140　FAX 0584-23-3832
メール hinode@t-hinode.co.jp

単行本：206頁
出版者：(資) 垂井日之出印刷所　　1版（2013/12/1）
言　語：日本語
ISBN-10：990363970
ISBN-13：978-490363970
発売日：2013年12月1日
本のサイズ：20.8 × 14.8 × 1.1cm

原生林のコウモリ　　遠藤 公男 著

再版の要望が高かった名著が改訂版で復活。

岩手県の山奥に代用教員として赴任した若者は、原生林から飛んでくるコウモリに疑問をもち、ついに未知の種であることを発見。コウモリが棲む原生林を守る奮闘記へと進む。著者の青春を通して、コウモリと自然の保護を訴えた珠玉の作品。

著　者　よ　り

40年前の処女作「原生林のコウモリ」の改訂版を出すことにしました。ホロベは残念ながら廃村となり、人々は下界のあちこちに散り散りになりました。しかし、それぞれりっぱにやっています。山菜やキノコ取りにはふるさとのホロベへ出かけています。

国の原生林は見るかげもなく伐られてしまいました。開発はきりがなく、自動車道やダムがどこまでもできています。そこで野生動物は激減しました。

北上高地のわたしのフィールドを本州に残る最後の秘境といいます。なるほどこれほど開発されても、まだイヌワシやコウモリが残っています。あきらめてはいけないのです。

（あとがきから）

原生林のコウモリ　改訂版　　遠藤　公男　著

定価 1143 円＋税　（8％税では 1234 円）

ご注文は、アマゾンまたは(資)垂井日之出印刷所へ直接お申し込みください。

(資)垂井日之出印刷所　　岐阜県不破郡垂井町綾戸 1098-1
TEL 0584-22-2140　FAX 0584-23-3832
メール hinode@t-hinode.co.jp

単行本
出版者：(資) 垂井日之出印刷所
言　語：日本語
ISBN：978-4-9903639-6-3
発売日：2013 年 5 月 1 日
本のサイズ：20.8 × 14.8 × 1cm

刊行物案内

日之出印刷の本

「かーわいーい　My Dear Children　発達障がいの子どもたちと…特別支援学校の日々」

近藤博仁・著

ウクレレ片手に親父ギャグを連発する教室。いつも怒っていた子どもがいい顔に変わる。岐阜県の特別支援学校を定年退職した教師の、定年までの五年間の子どもたちとの格闘、教師像を描いた情感あふれた著書。障がいのある子と関わる人はもちろん、それ以外の方にも読んでいただきたい一冊である。

Ａ５判　一九二ページ　並製本　定価一二〇〇円

「小さな小さな藩と寒村の物語」

伊東祐朔・著

九州・飫肥の城主だった伊東家、敗れた豊臣側についたため、徳川幕府の目を逃れ隠れ住んだ地、それが岐阜県・恵那の山中である。苗木一万石に匿われて生き延びた一族・その七代目の時に起きた、尾張藩との土地争い。負傷者が発生し、江戸幕府での評定(裁判)が開かれ、小藩の苗木が勝訴した一大事件だった。克明に描かれた記録を基に、十四代当主・伊東祐朔氏が歴史小説として書き下ろした。

Ａ５判　一七二ページ　並製本　定価一二〇〇円

「豊臣方落人の隠れ里　市政・伊東家日誌による飯地の歴史」

伊東祐朔・著

大坂夏の陣で豊臣が滅亡した後、家臣であった伊東家の祖先が、徳川幕府の目を逃れて隠れ住んだ地、それが岐阜県恵那の山中・飯地でした。苗木一万石の小藩に匿われて生きのびた一族・十四代の記録「市政家歳代記」を読み下した貴重な資料です。

Ａ５判　二四八ページ　並製本　定価二〇〇〇円

「司馬遼太郎は何故ノモンハンを書かなかったか?」

北川四郎・著

昭和十四年(一九三九)夏、旧満州国とモンゴルとの国境紛争をめぐって、関東軍とソ連軍とが武力衝突した。病死も含んだ戦没者は二万人ともいわれている。北川氏はノモンハンの国境調査確定に加わり、現地踏査して、軍部の主張する国境とは異なる根拠を見い出した。これはノモンハンの英霊たちへの鎮魂である。

Ｂ６判　二〇八ページ　上製本　定価二二〇〇円

北川四郎(故人)

大正二年岐阜市生まれ。昭和十一年大阪外語蒙古科卒業。後輩に司馬遼太郎。満州国外交部に就職。国境確定会議後、開拓総局に転じ、昭和十九年応召。高知にて復員後、福岡で在外同胞援護会に入り、家族の帰郷を待つ。引揚を迎えて帰郷。岐阜県井奈波地方事務所勤務するも、レッドパージで職を失い、中央交易、中央化工、東紅商社等の役員を歴任する。

「司馬史観　軍部が日本を占領した」

北川四郎・著

歴史の生き証人、元外交官が、激動の昭和の戦争と破壊と、自らの生々しい体験から、日本を誤らせた外交戦略を検証する。

Ｂ６判　二〇六ページ　上製本　定価一九〇五円＋税

「飛騨・おしどり夫婦の傷病鳥奮闘記」　直井清正・著

飛騨高山の地で、二二年間傷ついた野鳥を世話した心温まる夫婦の奮闘記。オシドリの巣立ちの記録は貴重で、記録性の高さと同時に、野生動物に迫る危機に警鐘を鳴らしている。

Ａ５判　二〇四ページ　上製本　定価一二〇〇円
（売り切れ・再版予定なし）

「飛騨・美濃人と鳥　鳥の方言と民話」

日本野鳥の会岐阜県支部・編

一九九〇年代に野鳥の会岐阜県支部の会員を中心に、失われていく野鳥の方言名称や、民話を収集した貴重な記録である。当時支部の二〇周年を記念して刊行されたものを復刻した。

Ｂ５判　七六ページ　並製本　定価一〇〇〇円

「岐阜県鳥類目録　二〇一二」　日本野鳥の会岐阜・編

岐阜県で記録ある鳥類の生息記録を網羅したもの。カラー写真二〇三枚、三〇六種記載。

Ａ４判　一二四ページ　並製本　定価一〇〇〇円

「ヤマネとどうぶつのおいしゃさん」　著者　多賀ユミコ

山に住む小さな動物ーヤマネを保護し、治療した獣医師さんのほんとうにあった話を絵本にしました。

Ａ４変形　三二ページ　上製本　カラー　定価一五七五円

郵便振替　００８２０-０-０９３２４９

郵便振替で申込みいただいた方には送料無料でお送りします。

直ぐに読みたい方は、代引引換　ヤマト運輸代金引換を利用します。

送料の他に代引き手数料一律三二四円（税込）をご負担いただきます